高职高专计算机类专业系列教材

Java 语言编程基础

温立辉　覃福钿　刘婧莉　陈惠红

王　圆　罗海波　徐丽新　　　编著

西安电子科技大学出版社

内 容 简 介

　　本书以 Java 开发领域最主流的 JDK 8 为编程环境，介绍了 Java 语言编程基础相关知识。本书共 10 章，主要内容包括 Java 程序设计语言、Java 编程环境搭建、Java 语言编程开发工具、Java 语言基础语法、数据变量与类型、数据运算与表达式、程序流程控制结构、数组结构、函数的定义及应用、常用 API 操作类等。

　　本书可作为高职高专院校计算机类专业程序设计基础、Java 程序设计、面向对象程序设计、Java 语言编程应用等课程的教材，也可作为 Java 编程语言自学者的参考书。

图书在版编目(CIP)数据

Java 语言编程基础 / 温立辉等编著.—西安：西安电子科技大学出版社，2021.10
ISBN 978–7–5606–6212–1

Ⅰ. ①J…　Ⅱ. ①温…　Ⅲ. ①JAVA 语言—程序设计　Ⅳ. ① TP312

中国版本图书馆 CIP 数据核字(2021)第 201414 号

策划编辑　刘玉芳
责任编辑　祝婷婷　刘玉芳
出版发行　西安电子科技大学出版社(西安市太白南路 2 号)
电　　话　(029)88202421　88201467　　　　邮　　编　710071
网　　址　www.xduph.com　　　　电子邮箱　xdupfxb001@163.com
经　　销　新华书店
印刷单位　西安创维印务有限公司
版　　次　2021 年 10 月第 1 版　　2021 年 10 月第 1 次印刷
开　　本　787 毫米×1092 毫米　1/16　印　张　9
字　　数　207 千字
印　　数　1～2000 册
定　　价　24.00 元
ISBN 978–7–5606–6212–1 / TP
XDUP 6514001–1
如有印装问题可调换

前　　言

进入 21 世纪以来，国家提出要振兴软件产业，加大高校对 IT 信息技术等高新技术产业人才的培育力度，创建软件示范学院，高规格、高质量培养软件开发领域专门人才，实现信息技术产业对传统行业的引领、辐射作用，推动国民经济产业结构转型。本书正是基于此背景编写而成的。

Java 作为主流的后端开发语言，功能强、适用范围广，其开源属性和跨平台的特性也获得了程序开发人员的青睐。本书围绕 Java 编程语言的基础语法，介绍了 Java 语言的基本特征，从编程环境的搭建过程、IDE 集成开发工具的使用、编程规范、语法入门等方面讲解了 Java 程序设计语言的相关开发技术。

全书共 10 章，以基础编程案例贯穿全书。第 1 章综述了程序设计语言的几种类型，归纳了 Java 编程语言的特征。第 2 章讲述了 Java 编程环境的搭建过程。第 3 章讲述了 Eclipse 集成开发工具与编程环境的整合及编程开发中的操作使用。第 4 章讲述了 Java 编程语言的类结构及常规基础语法。第 5 章讲述了 Java 编程语言中基本数据类型的声明及使用。第 6 章讲述了数据运算的类型及表达式运算的基本规则。第 7 章讲述了程序设计中的流程控制结构的种类、功能及相关语法。第 8 章讲述了数组的概念、结构、功能及相关编程规则。第 9 章讲述了程序设计语言中函数的声明、调用及流程转跳过程。第 10 章讲述了 JDK 环境中常用 API 操作类的基本功能结构及相关业务函数的使用方法。

深入浅出、通俗易懂是本书的一个重要特点。本书尽量使用形象化语言，力求所有读者都能读懂书中的内容。书中各章还有丰富的案例，可帮助编程的入门者以本书为纲，以案例为载体，完成对 Java 编程语言基础语法的学习。同时，本书以 Java 平台中主流的 JDK 8 为编程环境，以 Eclipse 为编程开发工具，对编程的相关技能进行了讲解，以期帮助读者达到最佳的学习效果。

本书提供配套的学习资源(包括案例源代码、习题、电子教案等)，这些资源可以从西安电子科技大学出版社网站上下载。

本书由河源职业技术学院、广东东软学院、广州番禺职业技术学院、广东行政职业学院、广东工程职业技术学院合编。

由于编者水平有限，书中难免有不妥之处，恳请广大读者批评指正。读者在阅读或学习过程中如有任何问题也可与编者联系，联系邮箱：wenlihui2004@163.com。

编　者

2021 年 6 月

目　　录

第 1 章　Java 程序设计语言

学习目标 ✍

- ✧　认识程序设计语言的种类
- ✧　了解 Java 语言的起源与发展
- ✧　理解 Java 平台的技术体系
- ✧　掌握 Java 编程语言的特点

本章首先介绍程序设计语言的分类及各自的编程特征，然后讲解 Java 语言的起源与发展，以及适用场景与应用领域，同时阐述 Java 平台的技术体系组成及相关划分标准，最后详述 Java 语言的编程特征及相关规范。

1.1　程序设计语言概述

程序设计语言(也称编程语言)是指用于编写计算机程序的语言。程序设计语言由计算机可以识别的指令和一组预先定义的语法规则构成。程序设计语言是人与机器交流的桥梁，操作人员通过程序设计语言向计算机下达任务，计算机则通过接收指令并完成相关任务来响应操作人员的需求。

自计算机问世以来，出现过众多的程序设计语言，并经历了多代演化与发展。从计算机的发展史来说，一般将程序设计语言的发展划分为四个阶段：机器语言、汇编语言、高级语言、人工智能语言。

1. 机器语言

机器语言是第一代程序设计语言，其由 CPU 能够识别的二进制代码构成。对编程人员来说，与机器语言打交道是一个非常痛苦、低效率的过程，程序编码完成后，代码的可维护性也非常差。机器语言的运行过程如图 1-1 所示，程序(即机器指令)可直接载入寄存器，CPU 可直接读取执行，因此机器语言的运行效率非常高。

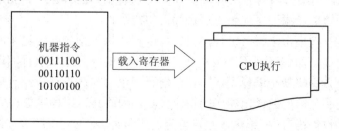

图 1-1　机器语言的运行过程

2. 汇编语言

汇编语言是在机器语言的基础上发展起来的第二代程序设计语言。因为机器语言的可读性非常差，无法按人类的常规思维进行编程开发，所以很快被一种新的更高级的汇编语言所替代。汇编语言在某种程度上已经脱离了二进制的编程方式，其对机器语言中的相关指令进行了符号化、形象化、术语化。例如，可以使用英文单词"show"表示一组机器运算结果输出的指令，用"start"表示一组程序的启动指令。汇编语言在编程过程中与人类思维有了一定程度的靠近，对编程人员有了一定程度的解放，编程的效率提高了。

汇编语言所编写的程序代码在不同的机器设备之间不能通用，不同机器上所对应的汇编指令代码是不相同的，汇编指令代码需要通过中间转换才能变成机器可直接执行的二进制代码。因此，与机器语言相比，汇编语言在运行效率方面稍逊色。

3. 高级语言

高级语言是在汇编语言的基础上发展起来的第三代程序设计语言，其以用户为中心，对汇编语言做了全面升级与完善，可以基本实现以人类的思维方式去开发、编写应用程序代码。除此之外，高级语言一般不与具体计算机的硬件关联，可以实现在不同平台、设备上无障碍地移植及运行，因而其适用范围比汇编语言广泛得多。

高级语言与人类语言有一定程度的类似，给编程带来了便利，但其编写的程序并不能直接运行。从编写源代码到 CPU 可执行指令之间需要经历一个中间翻译的过程，即程序源代码翻译成二进制机器码或可执行文件后才能运行，如图 1-2 所示。

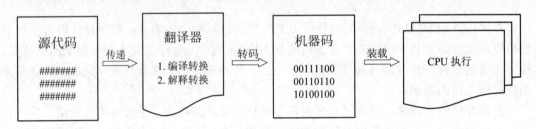

图 1-2　高级语言运行过程

高级语言的源代码翻译为机器码的方式主要有编译和解释两种。

(1) 编译方式。编译方式转换源代码是指在程序设计语言的转换器中，把整个源程序的所有代码一次性转换为机器可识别的二进制指令，然后再将转换出来的所有指令载入机器设备缓存，以供 CPU 识别执行，即先整体翻译成机器码，再逐条执行相关指令。

(2) 解释方式。解释方式转换源代码是指应用程序在运行过程中，将源代码翻译成二进制机器码与 CPU 执行语句指令同时进行，程序解释器每翻译出一条指令，CPU 便立刻执行一条指令，即边翻译源程序代码，边执行语句指令。

从程序的运行效率上来说，编译型语言可以直接执行预先翻译过来的机器指令，因此运行效率相对更高，而解释型语言在执行二进制指令的同时还要执行翻译源代码语句指令的任务，故运行效率略低于编译型语言，但解释型语言与运行环境结合更加紧密，能动态根据运行平台的实际情况翻译出相应的指令代码，因而其适用场景更加广泛。

在现代程序设计语言中，绝大多数语言为高级语言。常见的程序设计语言有：C/C++ (编译型高级语言)、Java(解释型高级语言)、C#(解释型高级语言)等。

4. 人工智能语言

在高级语言日益发展的基础上，出现了智能式的第四代编程语言——人工智能语言，其编码开发方式简单。与传统的编程语言相比，人工智能语言的编码开发效率大为提高，是未来程序设计语言发展的方向与目标。

人工智能语言是一种面向应用系统，以系统用户为终极目标的应用型语言。其通过语言中预定义的功能代码模块，根据用户对相关功能需求的选择自动生成对应的实现代码，通过功能代码复用的模式来提高软件工程中的编码效率。

目前，人工智能语言发展的还不够成熟与完善，开发出来的代码还存在稳定性低、安全性不高、运行性能较差等方面的不足。

1.2　Java 编程语言

Java 编程语言(简称 Java 语言)是由 Sun 公司推出的一款面向对象编程语言，该语言具有跨平台的重要特性，特别适合于网络编程。Java 语言是目前编程市场中最主流、市场占有率最高的编程语言之一，其应用范围非常广泛，从互联网应用到移动嵌入式开发都会用到 Java 语言。

1.2.1　Java 语言的起源

Java 语言诞生于 20 世纪。1991 年，Sun 公司旗下的一个项目组计划开发一种用于嵌入式家电控制的编程语言，原因是不同厂商生产的嵌入式产品的底层结构差别非常大，需要开发一种编程语言能够与设备底层的运行环境相脱离，且使用这种语言所编写的程序能够在不同的产品上无障碍地运行。

当时，项目组借鉴了 Smalltalk 编程语言的思想，并以 C++ 语言为基础，经过整个开发团队的共同努力，于 1992 年推出了名为 Oak 的编程语言。但后来项目组使用 Oak 语言开发的应用程序在嵌入式产品竞标中失败，使该项目计划遭受了重挫，项目组被大幅裁员，Oak 语言由此进入冷冻状态，就连 Oak 名称也被其他硬件产品抢注了商标，所以不得已放弃了该名称。

之后互联网产业虽然逐步兴起，但其在发展过程中出现了很多的问题。例如，互联网的众多网络节点中，各节点结构及运行环境存在重大差异，编程市场所开发的互联网应用产品在各个不同网络节点间往往不兼容，网络节点数据交互性能差、效率低下。1994 年，经过对互联网界深入的分析与调研，原项目组领导人看到了市场的先机，组织项目组成员试着用 Oak 语言以 Applet 的形式开发了一个网页浏览器。该浏览器以跨平台的特性一举攻克了长期困扰互联网界的节点异构问题，在互联网市场很快流行起来。此时，Sun 公司才重新审视了这一新的编程语言，将其列为公司的首要产品，并将该编程语言正式命名为 Java 语言。

1996 年 Sun 公司正式对外发布 Java1.0 版本，同时公布源代码，后来编程界在使用的过程中陆续发现了该语言中还存在众多的不足与缺陷，虽然 Sun 公司对相关问题做了处理与升级并发布了更高的 Java1.1 版本，但还是存在不完善的地方。1998 年，在对之前的版本做了根本性改进的基础上发布了 Java1.2 版本，该版本即为当前 J2SE 的初始版，后来在此基础上陆续发布了更高的版本。自 Java1.5 版本开始，所发布的版本号去掉了"1."，即将 Java1.5 改为 Java5。截至 2021 年 1 月 1 日，最新的版本是 Java15。

1.2.2　Java 平台技术

Java 语言从发布开始就以跨平台的特性迅速占领了互联网编程市场。随后在发展过程中诞生了三个不同的技术版本，分别是 Java SE、Java EE、Java ME，如图 1-3 所示。

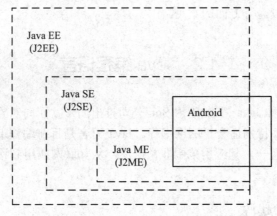

图 1-3　Java 各版本关系

Java SE(Java Standard Edition，也称为 J2SE)是 Java 语言的标准版，主要用于桌面级的应用技术开发。我们平时使用的 JDK 开发环境即为 J2SE 的技术平台。Java SE 主要支持八大基本数据类型、面向对象类模板的定义、GUI 用户界面、输入/输出流、Socket 网络编程、对象数据集合、JDBC 数据库编程等。

Java EE(Java Enterprise Edition，也称为 J2EE)是 Java 语言开发的企业版，主要用于企业级 Web 互联网应用信息系统的开发与建设。它除支持 J2SE 的所有类库、接口、函数以外，还拥有完备的技术体系，如：Java 前端视图组件(JSP)、Java 控制器组件(Servlet)、企业级分布式组件(EJB)、Java 消息服务(JMS)、Java 事务 API(JTA)、对象关系映射(ORM)、远程方法调用(RMI)、Java 目录命名路径(JNDI)、可拓展标记性语言(XML)等。

Java ME(Java Micro Edition，也称为 J2ME)是 Java 语言的嵌入式开发版本，主要用于智能家电嵌入式程序开发。其对 Java SE 版本中的部分类库做了舍弃，只保留了其中一部分类库及函数，同时受限于嵌入式开发环境，该版本中的类库运算及逻辑处理能力也受到了极大的限制。

近年来，嵌入式程序开发逐渐转向了 Android。Android 是在 Java ME 的基础上派生出来的新平台。Android 平台支持 Java ME 版本中的部分类库，并在原来的基础上增加了新的类库及功能函数，能够以类似 Java Web 的方式进行编码开发，可以更加快速、高效地进行嵌入式应用程序开发，因此深受移动开发人员的追捧。

1.2.3　Java 语言的编程特征

在编程语言的发展过程中，C++ 语言继承了 C 语言的许多重要特征，而 Java 语言则继承了 C++ 语言的众多要素与特征，因此从编程语言的发展角度来看，Java 语言是一种后发语言，也是一种新生代语言。这种语言吸收了早期语言的长处，抛弃了早期语言的不足，同时又加入了自己的个性特征。Java 语言正是这样一种集各方亮点于一身的高级编程语言，其特征介绍如下。

1. 跨平台

Java 语言之所以能够快速占领编程市场，其跨平台特性是一个非常重要的因素，也是一个重要的新功能点。Java 语言能够跨平台，是因为在编程环境中存在一个叫 Java 虚拟机 (Java Virtual Machine，JVM) 的组件，该组件模拟计算机系统中 CPU 的硬件功能，但并不是真正的硬件设备。JVM 的工作原理如图 1-4 所示，当所编写的应用程序源代码需要在不同的设备环境上运行时，JVM 会根据各个设备节点的运行环境，翻译出不同版本的可执行机器指令代码，以保证同一个应用程序源代码能够在不同的设备上运行，从而实现跨平台的功能。

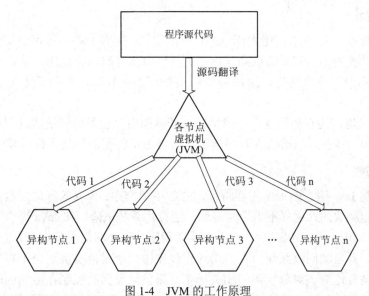

图 1-4　JVM 的工作原理

2. 面向对象

Java 语言是一种面向对象的语言，以类为模板。类模板中包含有本类型中共有的属性及相关函数，从类模板中可以派生出很多对象实例。对象实例是类模板的具体化和个性化体现。对象实例中的数据可以直接在应用程序中使用，代表一类事物的个性化行为，而类模板则代表同一类事物的共性化抽象，两者之间相互约束。

3. 解释型语言

从某种意义上说，Java 语言是解释型语言，但不是真正意义上的解释型语言，而是一种基于解释型的编程语言。解释型语言可以在程序执行过程中直接将源代码翻译成 CPU 可执行的二进制机器码，但 Java 语言的源代码并不能在程序执行过程中被直接转换成机器可执行的机器码，而是在应用程序执行前，首先把源代码统一编译转换成一种字节流的代码文件，这种文件的后缀类型为 class 类型，也称为字节码文件，然后在程序的运行过程中，由 JVM 将字节码解释转换成机器可执行的二进制机器码，供 CPU 直接执行，如图 1-5 所示。

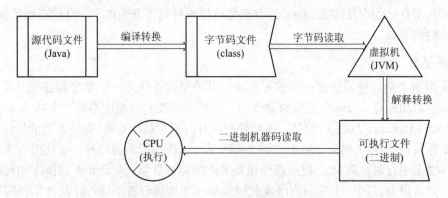

图 1-5　Java 源代码解释过程

4．安全健壮

Java 语言继承了 C++ 语言绝大部分的特征及语法，摒弃了 C++语言中安全风险较大的指针部分。指针使用不当容易造成系统内存无法回收而导致内存溢出，从而给信息系统带来极大的安全风险与安全隐患，进而降低应用程序的健壮性，不利于系统的维护与升级扩展。

同时，Java 语言还有类型安全保障机制，若编码中存在类型转换的过程场合或场景，则编译器会做专门校验，以防止在程序运行时因类型不匹配而导致运行异常的发生。

5．垃圾回收

垃圾回收是 Java 语言的一个重要特征。在 C++ 语言中，内存的释放回收是通过程序开发人员手动指定释放的，这样不但非常麻烦，还存在系统风险。在 Java 语言中引入垃圾回收(Garbage Collection，GC)机制后，将不再需要程序员手动释放对象内存，而是由系统 GC 机制自动监察，并自动回收系统内存。当应用程序中某个对象实例已经不再需要使用时，程序员可以辅助性地对该对象实例做相关标识，以供垃圾回收机制在适当的时候进行相应的回收处理。程序员也可以不做任何处理，当一个对象实例已经没有任何指向时，GC 机制会自动进行回收处理。

习　题　1

一、选择题

1. 在计算机的发展史上，出现的编程语言有(　　)[多选]。

A. 机器语言　　　B. 汇编语言　　　　C. 高级语言　　　　　　D. 人工智能语言

2. 高级语言的源代码转换为 CPU 可执行的指令码的类型有(　　)[多选]。

A. 编译　　　　　B. 解释　　　　　　C. 即时翻译　　　　　D. 提前翻译

3. Java 语言是(　　)旗下的产品 [单选]。

A. IBM 公司　　　B. Sun 公司　　　　C. BEA 公司　　　　D. Microsoft 公司

4. Java 语言主要用于(　　)领域的编程开发[单选]。

A. 底层运算　　　B. 数据分析　　　　C. 网络编程　　　　D. 前端视图

5. Java 编程语言包含的应用版本有(　　)[多选]。

A. Java SE　　　　B. Java EE　　　　C. Java ME　　　　D. Java DB

6. Java 编程语言包含的特征有(　　)[多选]。

A. 跨平台　　　　B. 面向对象　　　　C. 基于解释型　　　　D. 垃圾回收

7. 以下关于 Java 编程语言的描述正确的是(　　)[多选]。

A. Java 语言是面向过程的编程语言　　　B. Java 语言继承了 C++ 语言的大部分特征

C. Java 是一门开放源代码的编程语言　　D. Java 语言中保留了 C++ 语言中的指针

二、问答题

1. 如何理解编译方式转换应用程序源代码?

2. 如何理解解释方式转换应用程序源代码?

3. 如何理解 Java 语言的跨平台特性?

4. 如何理解 Java 虚拟机(JVM)的实现原理?

5. 如何理解 Java 语言的垃圾回收(GC)机制?

第 2 章 Java 编程环境搭建

学习目标 ✎

✧ 认识 Java 编程语言的基本操作命令
✧ 了解 Java 编程环境的组成部分
✧ 理解 Java 的应用开发基本流程
✧ 掌握 JDK 的安装步骤
✧ 掌握 JDK 环境变量的配置

本章将介绍 Java 开发工具包(JDK)在系统平台的安装操作以及相关环境参数的配置集成过程,并以一个入门案例的开发过程为例分析 Java 语言编程的相关环节及基本操作,从而体验 Java 应用开发的规范及标准流程。

2.1 Java 编程环境概述

Java 语言的编程环境包括运行环境及开发环境,它是 Java 应用程序开发、运行所依赖的编程环境。

运行环境也叫 JRE 环境(Java Runtime Environment),它是 Java 应用程序运行时所必需的最基本的底层软件类库支撑,离开这一软件环境,应用程序将无法正确运行。运行环境包括了 JVM 以及 Java SE 中的核心类库,运行时环境只能支撑应用程序的执行,无法支撑应用程序的开发。

开发环境一般来说也叫 JDK 环境(Java Development Kit),它是 Java 应用程序开发所必需的基本软件类库环境,离开这一环境将无法进行应用程序的基本开发工作。开发环境既包括了 JRE 环境,同时增加了相应的开发工具命令集,以供开发过程中对源代码程序做编译、反编译、执行、转码等转换操作,因而开发环境也叫 Java 开发工具包。

2.2 Java 开发工具包的安装

截至 2021 年 1 月 1 日,JDK 最新的版本是 Java SE 15,但其稳定性及其他方面还没有得到实践的检验。目前业界公认比较成熟,适合在工程开发中使用,以及在市场得到比较广泛认可的版本是 Java SE 8,本书就是以该版本搭建开发编程环境,并做相关编程语法讲解的。

2.2.1　JDK 下载

在 JDK 官网的下载平台找到 Java SE 8 进行下载安装，如图 2-1 和图 2-2 所示。在图 2-2 中点击"JDK DownLoad"可下载 Java SE 8 的开发工具安装包；点击"JRE DownLoad"，然后在官网注册一个账号，登录后即可下载 Java SE 8 的运行环境安装包。Java SE 8 有 32 位的版本，也有 64 位的版本，每个人可根据自己的需求选择合适的版本进行安装，从兼容早期所开发的 Java 应用程序的角度来看建议安装 32 位 JDK 版本。

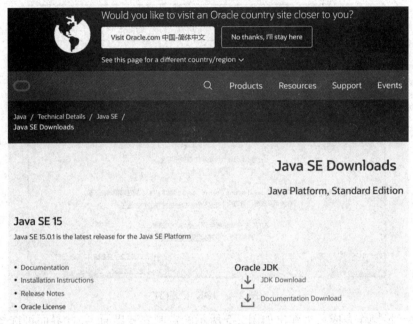

图 2-1　JDK 版本下载(1)

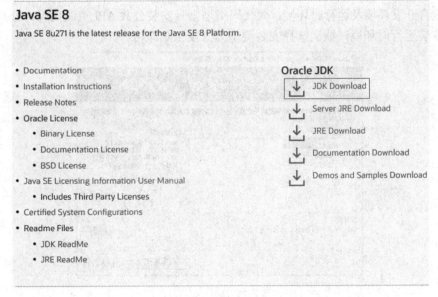

图 2-2　JDK 版本下载(2)

2.2.2 JDK 安装

准备好需要安装的 Java 开发工具包(JDK)后，即可进行 Java 编程环境的安装。本编程环境安装过程所用的操作系统为 Windows 10，以安装 Java SE 8 为例，讲授 32 位 JDK 的安装操作步骤。

(1) 双击 JDK 安装文件，如图 2-3 所示，之后出现如图 2-4 所示的安装界面，在安装界面中选择并单击"下一步"按钮。

名称	修改日期	类型	大小
jdk-8u271-windows-i586.exe	2021/1/6 17:17	应用程序	158,186 KB

图 2-3　JDK 安装(1)

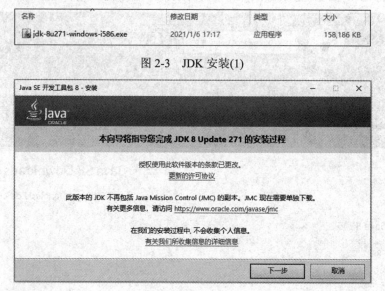

图 2-4　JDK 安装(2)

(2) 上一步操作完成后将弹出如图 2-5 所示的定制安装界面，在此界面可选择需要安装的编程环境的类型，如"开发工具""源代码""公共 JRE"。开发工具类型为最全面的编程环境，包含开发环境及运行时环境，源代码类型则只安装公共 API 类源代码，公共 JRE 类型则只安装运行时环境，默认选择安装类型为开发工具即可。

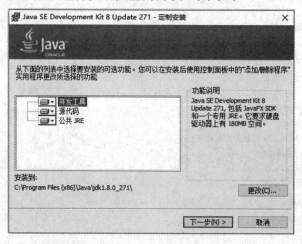

图 2-5　JDK 安装(3)

　　同时还可以定义 JDK 开发环境的安装路径，默认安装在"C:\Program Files (x86)\Java"目录下。如果没有特别要求，选择默认安装路径即可。定制参数设置好后，点击"下一步"按钮。

　　(3) 上一步操作完成后将弹出如图 2-6 所示的开发环境安装进度状态提示界面，待安装完成后，稍过一会将出现如图 2-7 所示的界面，在此界面中可设置 JRE 运行环境的安装根目录，系统默认安装在"C:\Program Files (x86)\Java"目录下，与开发环境相同，一般选择默认即可，路径参数设置好后，点击"下一步"按钮。

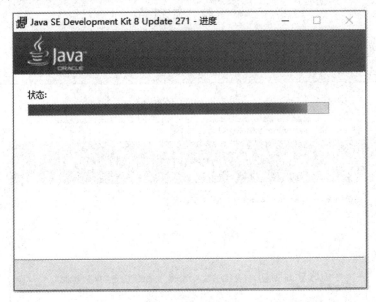

图 2-6　JDK 安装(4)

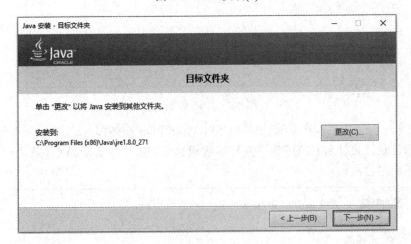

图 2-7　JDK 安装(5)

　　(4) 上一步操作完成后将弹出如图 2-8 所示的运行时环境安装进度状态提示界面，安装完成后将弹出如图 2-9 所示的整个安装过程完成提示界面，点击"关闭"按钮即可完成整个安装过程。

图 2-8　JDK 安装(6)

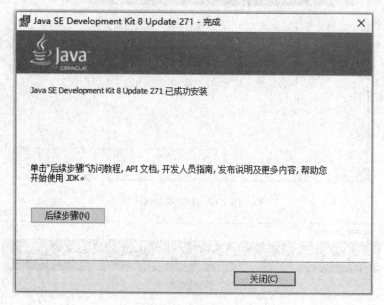

图 2-9　JDK 安装(7)

(5) 整个过程完成后，在安装路径 "C:\Program Files (x86)\Java" 下即可看到如图 2-10 所示的资源目录，"jdk1.8.0_271"为开发环境的根目录，也叫 Java Home 目录，"jre1.8.0_271" 为运行时环境根目录。

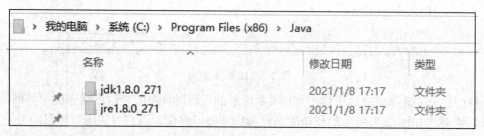

图 2-10　JDK 安装(8)

(6) 在操作系统的开始菜单中找到如图 2-11 所示的"运行"菜单。点击打开此菜单将弹出"运行"窗体，如图 2-12 所示。在"运行"窗体中输入"cmd"，并点击"确定"按钮，调出 Window 操作命令行，如图 2-13 所示。在命令行中输入"java -version"并按下回车键，若能看到 JVM 的相关版本信息，则表示 JDK 安装成功，如图 2-14 所示。

图 2-11　JDK 安装(9)

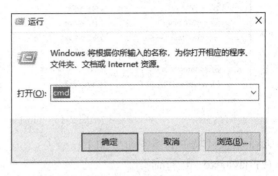

图 2-12　JDK 安装(10)

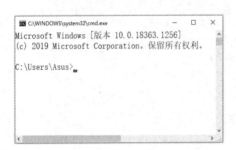

图 2-13　JDK 安装(11)

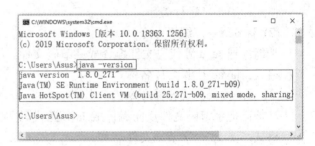

图 2-14　JDK 安装(12)

2.3　Java 开发工具包的系统平台整合

Java 软件开发工具包(JDK)安装到操作系统后，Java 编程环境的相关类库及编程命令已经植入系统平台，但还并不能马上运行 Java 应用程序，因为 Java 的编程命令还没有完全集成到操作系统中，还要按操作平台的特点做相关配置，才能与系统平台完全融合。

2.3.1　Java 语言基本命令

Java 编程语言的操作命令都存放在其安装路径根目录(Home 目录)的 bin 目录下，以操作系统中可执行文件(exe 文件)的形式存在，如图 2-15 所示。编程开发过程中常用的主要命令包括运行、编译、转码、打包、监控等。

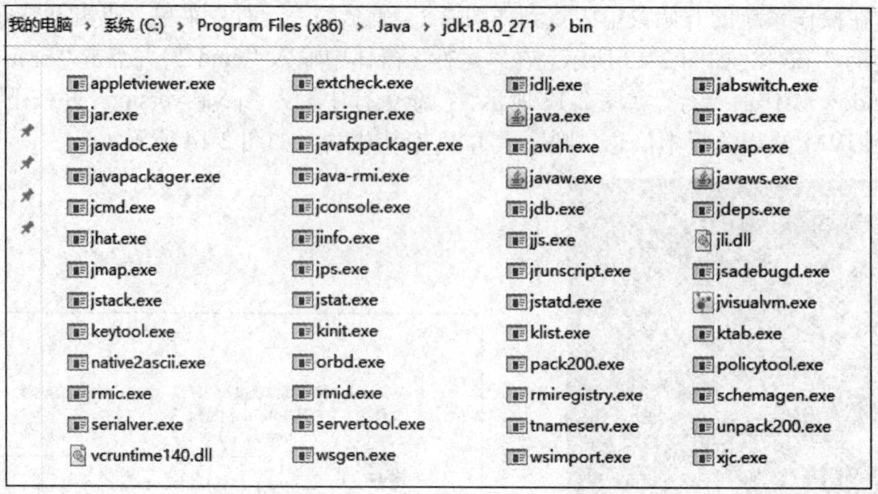

图 2-15　bin 目录文件

Java 编程环境中的基本命令如下：

(1) java.exe：运行命令。

功能：运行 Java 应用程序。

格式：java + 运行类。

(2) javac.exe：编译命令。

功能：把 Java 源代码文件编译成字节码文件。

格式：javac + 源文件名称。

(3) javap.exe：反编译命令。

功能：把字节码文件反向编译成 Java 源代码文件。

格式：javap + 字节码文件名称。

(4) jps.exe：监控命令。

功能：查看当前环境中有哪些 Java 进程。

格式：jps。

(5) native2ascii.exe：转码命令。

功能：把 Java 语言中的各种类型编码转为 Unicode 码。

格式：native2ascii + 转码文件名称 + 转码后新文件名称。

(6) jar.exe：打包/解压缩包命令。

功能：把编译出来的字节码打成压缩包或解压缩包。

格式：jar + 命令参数 + 目标文件名称。

2.3.2　编程环境变量配置

环境变量配置的作用是把 JDK 中安装到操作平台的类库及相关编程开发命令完全集成融合到系统平台，以确保在后期的编程开发过程中可以无障碍的调用、执行相关操作命令及 API 类库。Java 编程环境变量的配置包括 Home 路径配置、Path 路径配置、Classpath 路径配置。

1. Home 路径配置

Home 路径即为 JDK 安装的根目录。Home 目录的作用是指明 JDK 的安装路径，以供各种应用程序插件查找各种相关的 JDK 资源。Home 路径配置的步骤如下：

(1) 在操作系统桌面右键点击"我的电脑"，在弹出的菜单中选择"属性"菜单项，如图 2-16 所示。

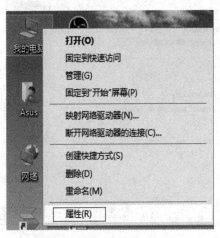

图 2-16　JDK 编程环境配置(1)

(2) 完成上一步操作后，弹出"系统"窗体，在此窗体中选择"高级系统设置"选项，如图 2-17 所示。

图 2-17　JDK 编程环境配置(2)

(3) 完成上一步操作后，弹出"系统属性"窗体，在此窗体中点击"高级"选项卡，并在该选项卡中点击"环境变量"按钮，如图 2-18 所示。

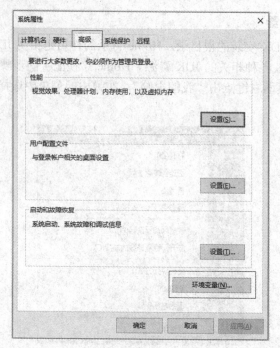

图 2-18　JDK 编程环境配置(3)

(4) 完成上一步操作后，弹出"环境变量"窗体。此窗体的上半部分为当前用户的相关环境变量，即此部分的环境变量只对当前用户生效并可见；此窗体的下半部分为操作系统的相关环境变量，此部分的环境变量对操作系统中的所有用户均有效可见。点击此窗体"系统变量"部分的"新建"按钮，如图 2-19 所示。

图 2-19　JDK 编程环境配置(4)

　　(5) 完成上一步操作后，弹出"新建系统变量"窗体，在此窗体的"变量名"栏中输入"JAVA_HOME"，即当前定义的系统变量为 JDK 的 Home 路径变量，如图 2-20 所示。

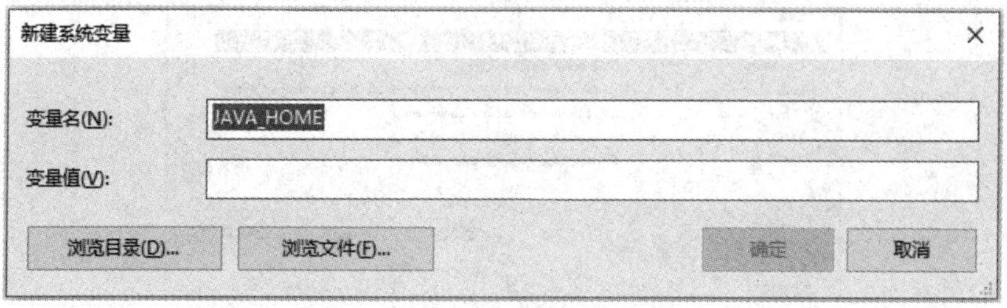

图 2-20　JDK 编程环境配置(5)

　　(6) 完成上一步操作后，直接进入 JDK 安装的根目录，并复制根目录的路径地址，如图 2-21 所示。然后回到"新建系统变量"窗体，并在此窗体的"变量值"栏中输入 JDK 的根目录路径，直接粘贴上面所复制的 JDK 根路径即可，如图 2-22 所示，也可以通过"浏览目录"按钮来选择 JDK 安装的根路径。最后点击"确定"按钮。

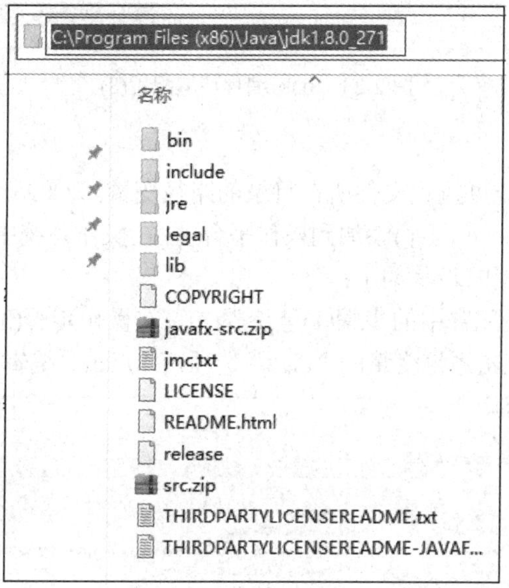

图 2-21　JDK 编程环境配置(6)

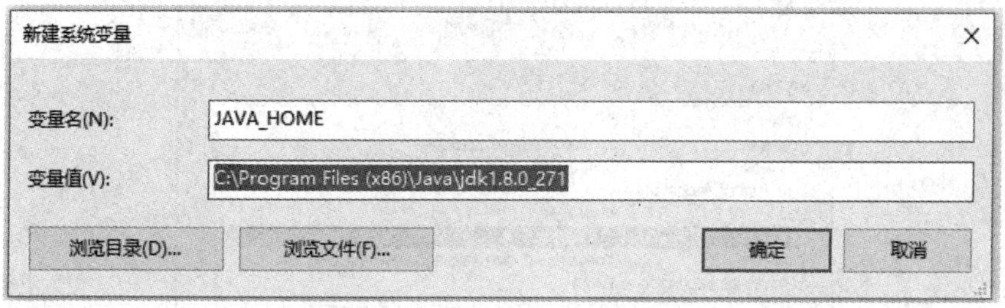

图 2-22　JDK 编程环境配置(7)

　　(7) 完成上一步操作后，则在系统变量中添加了新系统变量"JAVA_HOME"，如图 2-23 所示，最后依次点击其他返回窗体的"确定"按钮，完成此配置。

图 2-23　JDK 编程环境配置(8)

2．Path 路径配置

Path 路径是操作系统可执行文件所在目录的路径变量。为 JDK 配置 Path 路径的用意是把 Java 开发环境的命令(exe 文件)添加到操作平台中，在操作系统中无障碍的调用相关编程开发命令。Path 路径配置的步骤如下：

(1) 重复 Home 路径配置中的步骤(1)至步骤(3)，在操作步骤(3)完成后将弹出"环境变量"窗体，在此窗体中点击系统变量的"Path"选项，并点击"编辑"按钮，如图 2-24 所示。

图 2-24　JDK 编程环境配置(9)

(2) 完成上一步操作后，弹出"编辑环境变量"窗体，在此窗体中点击"新建"按钮后新增加一行输入栏，如图 2-25 所示。

图 2-25　JDK 编程环境配置(10)

(3) 完成上一步操作后，进入 JDK 安装目录下的 bin 目录中，并复制 bin 目录的路径地址，如图 2-26 所示。

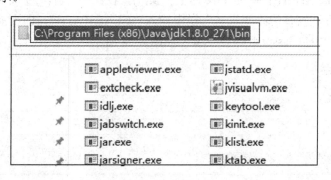

图 2-26　JDK 编程环境配置(11)

(4) 把上一步复制好的 bin 目录路径地址粘贴到"编辑环境变量"窗体中之前新增加的输入行，如图 2-27 所示。如果操作平台是 Windows 10 以下的版本，则直接把 bin 目录路径地址追加到系统 Path 变量中路径值的后面，并用英文状态下的分号与之前路径的地址值隔开，最后点击"确定"按钮。

(5) 依次点击其他返回窗体的"确定"按钮，完成此配置。

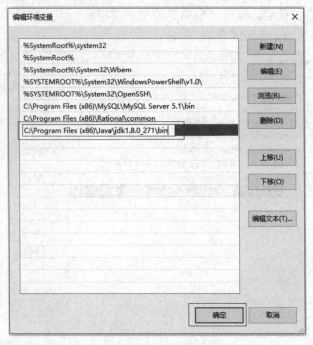

图 2-27　JDK 编程环境配置(12)

3. Classpath 路径配置

Classpath 路径即为 Java 开发环境中字节码的文件(class 文件)及相关类库的根路径。配置 Classpath 路径的作用是指定 Java 虚拟机(JVM)在操作平台中搜索 Java 应用程序字节码文件的根路径，JVM 查找类文件及相关类库时只需在此路径下的一级目录及子目录中查找即可。Classpath 路径配置的步骤如下：

(1) 重复 Home 路径配置中的步骤(1)至步骤(4)，在操作步骤(4)完成后将弹出"新建系统变量"窗体，在此窗体的"变量名"栏中输入"CLASSPATH"，即当前定义的系统变量为 JDK 编程环境中的 Classpath 路径变量，如图 2-28 所示。

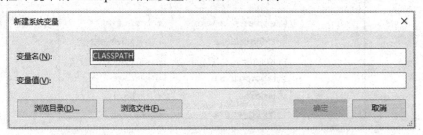

图 2-28　JDK 编程环境配置(13)

(2) 完成上一步操作后，直接进入 JDK 根目录下的 lib 目录，并复制 lib 目录的路径地址，如图 2-29 所示，然后回到"新建系统变量"窗体，并在窗体的"变量值"栏中先输入一个英文状态下的句号"."，表示 JVM 在搜索字节码类文件的时候将先在当前路径下查找(因为一般来说应用程序源代码文件编译出字节码文件后即位于当前路径下)。然后再输入一个英文状态下的分号";"，表示分隔前面的路径。之后输入 lib 目录路径，直接粘贴上面所复制的 lib 路径即可，如图 2-30 所示，也可以通过"浏览目录"按钮选择 lib 目录的路径。最后点击"确定"按钮。

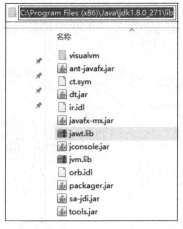

图 2-29　JDK 编程环境配置(14)

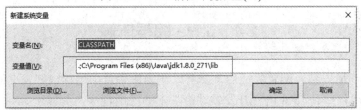

图 2-30　JDK 编程环境配置(15)

(3) 完成上一步操作后，则在系统变量中添加了新系统变量"CLASSPATH"，如图 2-31 所示。最后依次点击其他返回窗体的"确定"按钮，完成此配置。

图 2-31　JDK 编程环境配置(16)

(4) 依次点击其他返回窗体的"确定"按钮，完成此配置。然后在开始菜单中通过"运行"窗体打开 Windows 10 操作系统的 cmd 命令行操作面板，在 cmd 命令面板输入 Java 编程开发中的相关命令，如"java""javac""javap"等命令，此时 cmd 命令行操作面板不再出现"不是内部或外部命令"的错误提示，即表示 JDK 已经完成集成到操作系统中，如图 2-32 和图 2-33 所示。

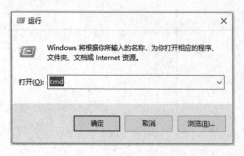

图 2-32   JDK 编程环境配置(17)　　　　　　图 2-33   JDK 编程环境配置(18)

2.4   Java 编程体验

Java 编程环境安装及配置完成后，就可以在操作平台中运行或开发桌面级的应用程序了。桌面级应用程序是 Java 语言开发领域最基本的应用程序，其属于 Java SE 领域范畴。Java 应用程序的开发可以使用专门的 IDE 集成工具进行高效率的开发，也可以不借助任何工具，直接通过文本文件进行编码开发。

2.4.1   入门案例开发

下面以一个最原生态的方式开发一个最简单的 Java 应用程序，即不使用任何开发工具，只使用操作系统中的记事本文件来编码开发。通过该入门案例可以让读者体验 Java 语言编程的开发流程及程序调试过程，并了解程序开发中常见问题的处理方式。

(1) 在操作系统中打开一个记事本文件，并在记事本文件中输入如图 2-34 所示的 Java 应用程序代码。注意代码必须严格参照样例的字符，且均为英文状态下的符号，否则会有语法错误。

```
*Hello.java - 记事本
文件(F)  编辑(E)  格式(O)  查看(V)  帮助(H)
public class Hello {
        public static void main(String[] args) {
                System.out.println("Hello Java");
        }
}
```

图 2-34   记事本开发(1)

(2) 在操作系统 D 盘根目录下创建一个名称为"demo"的文件目录，把记事本文件保存到该目录下，并命名为"Hello.java"。特别注意，保存后文件的类型要变为 Java 应用程序类型，而不能是文本 TXT 类型。文件保存后，鼠标放在该文件上面则显示其文件类型为 JAVA 文件，如图 2-35 所示。

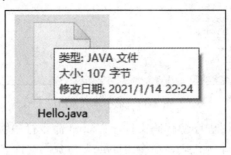

图 2-35　记事本开发(2)

(3) 通过开始菜单打开操作系统的"运行"窗口，如图 2-36 所示，再在窗口中输入"cmd"，然后点击"确定"按钮打开操作系统命令行面板，如图 2-37 所示。

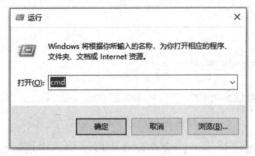

图 2-36　记事本开发(3)

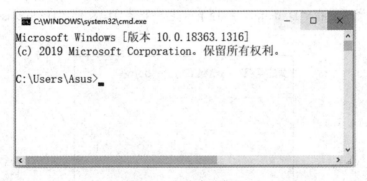

图 2-37　记事本开发(4)

(4) 如图 2-37 所示的 cmd 命令行所在的当前路径为 C:\Users\Asus，现让其进入存储源代码文件"Hello.java"的路径目录"D:\demo"，为编译程序做准备。

在 cmd 命令行中首先输入"D:"，并按下回车键，命令行操作将进入系统平台的 D 盘，然后在命令行中再输入"cd D:\demo"，其中"cd"是操作系统中的路径导向命令，后面跟路径目录，表示要进入到某个路径下，路径与命令"cd"之间用空格隔开，完成操作后可以看到 cmd 命令行下的当前路径已修改为"D:\demo"，如图 2-38 所示。

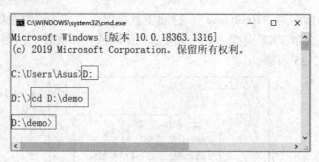

图 2-38　记事本开发(5)

(5) 开始编译 Java 应用程序源代码文件，在 cmd 命令行中输入 "javac Hello.java"，并按下回车键，表示开始编译源代码，命令 "javac" 与源码文件名 "Hello.java" 之间必须用空格隔开，如图 2-39 所示。

图 2-39　记事本开发(6)

如果源代码中存在语法错误，则会在命令中展示相关错误，按相关提示在源文件中修正对应的错误，然后重新用以上命令编译源代码即可。若所编写的源代码中已经没有语法错误了，则编译后会在 "D:\demo" 路径下产生一个字节码文件 "Hello.class"，如图 2-40 所示。

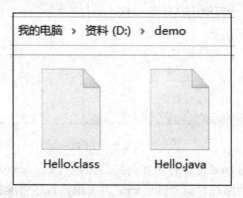

图 2-40　记事本开发(7)

(6) 编译完成后就可以运行 Java 应用程序了。在 cmd 命令行中输入 "java Hello"，并按下回车键，表示从字节码文件中的 Hello 类的程序入口开始运行程序，如果各步骤操作均正确，没有其他异常，则会在 cmd 的命令行中输出 "Hello Java" 字样，如图 2-41 所示，表示程序正常运行输出。

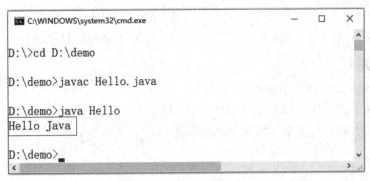

图 2-41　记事本开发(8)

2.4.2　案例语法分析

通过上面的入门案例，读者可以体验到 Java 应用程序的基本开发流程及相关的基本操作步骤，对应用程序的开发调试过程也有了一个感性的基本认识，下面对案例中的相关语法作基本的解释说明。

(1) 语句"public class Hello"：public 表示公有权限；class 表示定义一个 Java 类；Hello 为所定义的 Java 类的名称。

(2) 语句"public static void main(String[] args)"：main 方法的固定签名。main 方法是 Java 应用程序的入口。

(3) 语句"System.out.println()"：Java 应用程序的输出语句，输出括号里面的字符串对象。

(4) 代码语句的结束标记：英文状态下的分号";"，每条语句后面需要结束标记。

(5) 类的声明：以英文状态下的左大括号"{"开始，右大括号"}"结束。

(6) 方法的声明：以英文状态下的左大括号"{"开始，右大括号"}"结束。

(7) 类文件的定义：类名与源文件名相同(public 权限)；源文件的类型为 Java 类型(.java)；字节码文件的类型为 Class 类型(.class)。

习　题　2

一、选择题

1. 整合 Java 开发工具包与操作系统平台时，要设置的参数变量有(　　)[多选]。

A. JRE　　　　　　B. JAVA_HOME　　　　C. PATH　　　　　　D. CLASSPATH

2. Java 语言编程环境中"javac"命令的作用是(　　)[单选]。

A. 编译应用程序　　　　　　　　　　　B. 运行应用程序

C. 打包资源　　　　　　　　　　　　　D. 监控应用程序进程

3. 以下(　　)是 Java 编程环境的操作命令[多选]。

A. java　　　　　　B. javap　　　　　　　C. jar　　　　　　　D. native2ascii

4. 在 Java 编程语言的环境变量配置中，Home 目录配置(　　)的属性值[单选]。

A．bin 目录路径　　　　　　　　　　B．lib 目录路径

C．include 目录路径　　　　　　　　　D．JDK 安装的根目录路径

二、问答题

1．如何理解 Java 语言的编程开发环境？

2．Java 语言开发环境与运行时环境有什么区别？

3．Java 语言编程环境中，配置 Path 路径的作用是什么？

第 3 章　Java 语言编程开发工具

学习目标 ✍

◇ 认识 IDE 集成开发工具的功能作用
◇ 了解 Eclipse 版本的更新发展过程
◇ 了解 Eclipse 各版本之间的差异
◇ 理解各版本 Eclipse 与 JDK 环境的依赖关系
◇ 掌握 Eclipse 集成开发工具的编程开发使用操作

本章首先介绍 Eclipse 集成开发工具的功能作用、版本分类以及所需的系统支撑环境，然后详细讲解从官网下载 Eclipse 集成开发工具的操作过程，以及开发工具中开发参数的设置、环境参数的整合等方面，最后以一个实际案例开发为例阐述在编程开发中如何使用 Eclipse 集成开发工具。

3.1　Eclipse 集成开发工具概述

Eclipse 是一款功能非常强大、高效的编程开发工具，可用于多种语言的编程开发，尤其在 Java 编程语言中表现的非常优秀。在进行 Java SE 桌面级的应用开发时，Eclipse 是最佳的集成开发工具(IDE)。

Eclipse 最初由 IBM 公司开发，之后移交给开源社区组织，由开源志愿者负责对其进行功能完善与版本升级。Eclipse 各版本以天文学现象命名，如 Eclipse 3.6：Helios(太阳神)、Eclipse 3.7：Indigo(靛青)、Eclipse 4.4：Luna(月神)、Eclipse 4.5：Mars(火星)、Eclipse 4.7：Oxygen(氧气)、Eclipse 4.8：Photon(光子)等多个不同版本。截至 2020 年 12 月 31 日，Eclipse 最高的版本是 Eclipse 4.18。

Eclipse 集成开发工具有 32 位及 64 位之分，32 位 Eclipse 集成开发工具匹配 32 位的 JDK 编程环境，64 位的 Eclipse 集成开发工具则匹配 64 位的 JDK 编程环境，同时高版本的 Eclipse 集成开发工具还需要高版本的 JDK 环境支撑。

Eclipse 集成开发工具与 Java SE 编程环境的依赖关系如下：

(1) Eclipse 4.3 需要 Java SE 6 以上编程环境；

(2) Eclipse 4.4 需要 Java SE 7 以上编程环境；

(3) Eclipse 4.5 需要 Java SE 7 以上编程环境；

(4) Eclipse 4.6 需要 Java SE 8 以上编程环境；

(5) Eclipse 4.7 需要 Java SE 8 以上编程环境；

(6) Eclipse 4.8 需要 Java SE 8 以上编程环境。

3.2 Eclipse 集成开发工具下载

Eclipse 集成开发工具由开源社区组织负责管理,作为开发人员可以直接在 Eclipse 基金会官网下载,无偿取得使用,同时任何开发人员都可以开发相关的功能插件集成到 Eclipse 上,并作为新的插件包进行发布,这体现了 Eclipse 集成开发工具开源的属性。下面将具体说明如何在 Eclipse 基金会官网下载 Eclipse 集成开发工具,同时说明各个不同插件版本的适用场景。

(1) 直接登录 Eclipse 基金会官网,或在百度中搜索 "Eclipse 官网",如图 3-1 所示,点击相关搜索项即可跳转到其官网。

图 3-1　Eclipse 集成开发工具下载(1)

(2) 跳转到 Eclipse 官网后,可直接下载其提供的默认产品,也可以选择下载其他版本的产品,如图 3-2 所示,点击 "DownLoad Packages" 链接即可选择自己需要的产品。

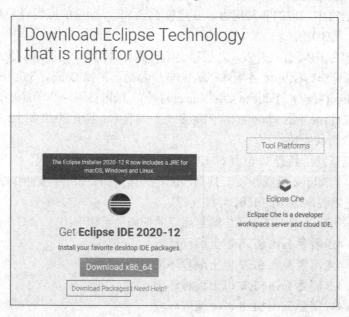

图 3-2　Eclipse 集成开发工具下载(2)

(3) 选择下载其他版本的产品后将跳转到包含有不同插件包的 Eclipse 产品页面，如图 3-3 所示，不同版本之间只是插件包不一样，这些产品可满足不同的开发场景。

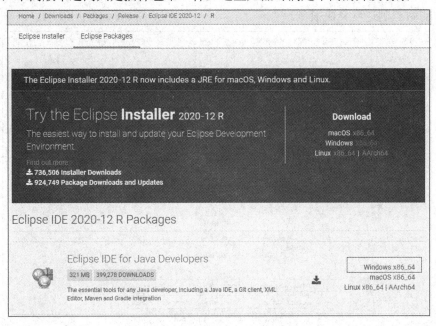

图 3-3　Eclipse 集成开发工具下载(3)

Eclipse 产品适用的开发场景如下：

① Eclipse IDE for Java Developers：适合于 Java SE 桌面级应用开发。

② Eclipse IDE for Enterprise Java Developers：适合于 Java EE 企业级应用开发。

③ Eclipse IDE for Java EE Developers：最完备、全面的 Java EE 企业级应用开发工具。

④ Eclipse IDE for C/C++ Developers：适合于 C 语言或 C++ 应用程序开发。

⑤ Eclipse IDE for PHP Developers：适合于 PHP 语言开发。

(4) 在图 3-3 所示页面选择一个最新的 Java SE 编程开发专用的产品"Eclipse IDE for Java Developers"，并选择右边的"Windows x86_64"选项，表示下载一个同时兼容 32 位与 64 位 JDK 的产品。如果想下载之前的版本，则可以在本页面右侧的"MORE DOWNLOADS"栏选择对应的版本，如果想下载更早之前其他的版本，则选择"Older Versions"选项，如图 3-4 所示。

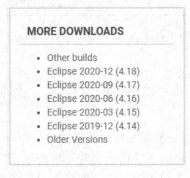

图 3-4　Eclipse 集成开发工具下载(4)

(5) 上一步操作完成后将跳转到产品的正式下载页面，如图 3-5 所示，如果直接点击页面中的"Download"链接，则下载速度会比较慢，这是因为站点在国外，而如果我们选择一个国内的站点则速度会快很多。

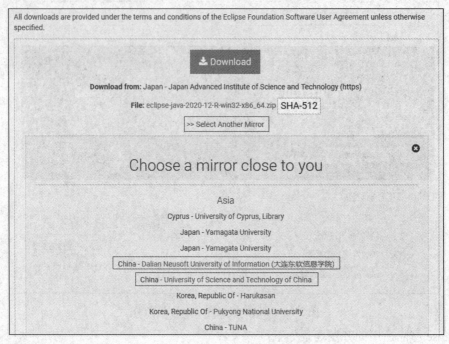

图 3-5　Eclipse 集成开发工具下载(5)

选择本页面的"Select Another Mirror"项，则弹出其他多个可下载的站点，其中"China-Dalian Neusoft University of Information"为大连东软学院镜像点，"China-University of Science and Technology of China"为中国科技大学镜像点。选择以上两个站点中的任意一个即可快速下载，下载后得到一个"zip"格式的压缩包文件，即为 Eclipse 的开发工具，该压缩包是一个同时兼容 32 位与 64 位 JDK 的产品，直接解压后即可使用，如图 3-6 所示。

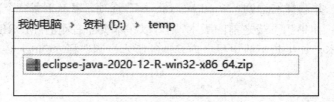

图 3-6　Eclipse 集成开发工具下载(6)

3.3　Eclipse 集成开发工具使用

Eclipse 集成开发工具在 Java 编程开发中非常高效，能自动构建工程，自动编译，自动格式化源代码，自动提示编码相关语法错误，统一管理编译后字节码文件，可视化操作窗口。它是一款完美的开发工具，作为程序开发人员应该熟练掌握，下面介绍其相关使用方法。

3.3.1　Eclipse 集成开发工具基本操作

Eclipse 集成开发工具正式使用前需先配置好 Java 编程环境，即"JAVA_HOME""Path""CLASSPATH"三个环境变量值，有 JDK 环境的支持才能运行 IDE 集成开发工具。

(1) 把产品的压缩包直接解压后，进入解压文件根目录，找到"eclipse.exe"文件，双击该可执行文件即可启动 Eclipse 集成开发工具。第一次使用时会要求用户先给开发工具指定一个工作空间，如图 3-7 所示。

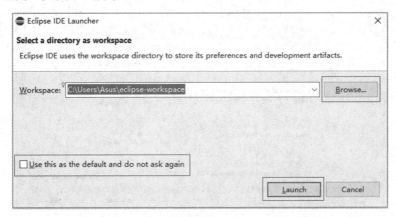

图 3-7　Eclipse 集成开发工具的使用(1)

工作空间的作用是存储 Eclipse 集成开发工具的参数配置、工程源代码文件等数据，一般来说 Eclipse 集成开发工具会默认选择一个路径作为其工作空间。

若想更改路径可以点击旁边的"Browse"按钮更换工作空间。一般来说工作空间的路径应尽量避免带有中文字符，否则在后面所创建的项目工程中可能会出现异常。选好工作路径后，需将"Use this as the default and do not ask again"选项勾选上，表示此工作空间将作为开发工具的默认工作空间，后面启动工具时将不会再出现这一步。点击"Launch"按钮，Eclipse 集成开发工具将正式启动，可以看到如图 3-8 所示的启动界面。

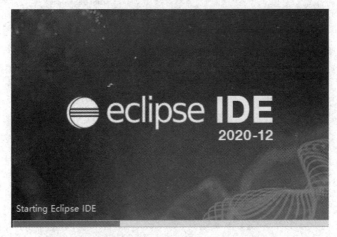

图 3-8　Eclipse 集成开发工具的使用(2)

(2) 如果是第一次启动将看到如图 3-9 所示的欢迎页面，在该页面中有一些关于开发工具的功能及使用方面的英文介绍，可根据实际情况选择阅读，如不阅读则可直接点击"Welcome"选项卡上的"×"按钮将其关闭，下次再启动时也不会再出现此页面。

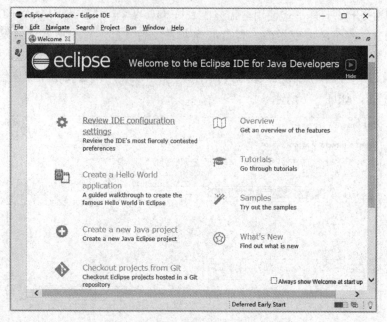

图 3-9　Eclipse 集成开发工具的使用(3)

(3) 关闭欢迎页面后将看到如图 3-10 所示的工作主界面，图中①为菜单命令栏，②为图标命令栏，③为类大纲视图区，④为源文件编码区，⑤为资源文件结构区，⑥为控制台区。

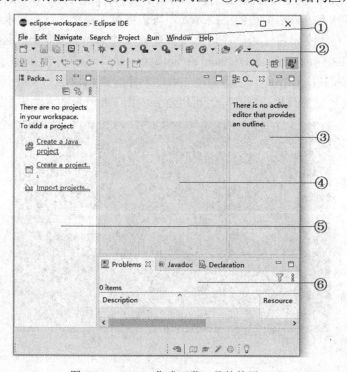

图 3-10　Eclipse 集成开发工具的使用(4)

(4) 在资源文件结构区中，Package Explorer 为包视图，在此视图中可方便地查看项目工程的包结构，Eclipse 集成开发工具打开后默认是此视图。

如果需要按实际目录结构查看项目工程的资源文件，则可以使用工具中的 Navigator Explorer 导航视图。在"Window"菜单中选择"Show View"菜单项，最后在其弹出的子菜单中选择"Navigator"菜单项，如图 3-11 所示，即可在工具的控制台区找到此视图，如图 3-12 所示。把鼠标放在该视图选项卡的上面，如图 3-12 中矩形框圈住部分，此时按住鼠标左键，把视图拖动到资源文件结构区包视图的位置，然后释放鼠标，即可将导航视图的位置改变到资源文件结构区，如图 3-13 所示。

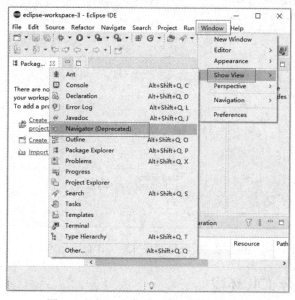

图 3-11　Eclipse 集成开发工具的使用(5)

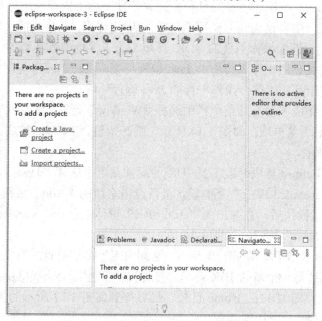

图 3-12　Eclipse 集成开发工具的使用(6)

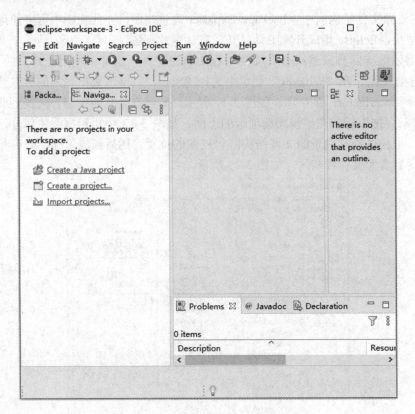

图 3-13   Eclipse 集成开发工具的使用(7)

3.3.2   Eclipse 整合 JDK 环境

JDK 环境即 Java 编程环境是 Eclipse 集成开发工具所依赖的运行环境。在低版本的 Eclipse 集成开发工具中会自动匹配操作系统中的 JDK 环境,在最新的版本中,因其自带了 JDK 环境,不再自动匹配操作系统的 JDK 环境,为了保持编程环境的一致性,强烈建议 Eclipse 集成开发工具使用操作系统中的 Java 编程环境,以利于应用程序的开发与调试。下面介绍 Eclipe 开发工具如何整合操作平台的 Java 编程环境。

(1) 在 Eclipse 集成开发工具菜单栏中选择 "Window" 菜单,然后在其弹出的二级菜单中选择 "Preferences" 菜单项,如图 3-14 所示,则开始整合 Eclipse 集成开发工具与操作系统中的 Java 编程环境。

(2) 在弹出的 Eclipse 集成开发工具 JDK 的配置菜单中选择 "Java" 菜单项,并在其次级子菜单中选择 "Installed JREs" 菜单项,最后点击右边的 "Add" 按钮,如图 3-15 所示。

(3) 完成上一步操作后,在弹出的 "Add JRE" 窗体中选择 "Standard VM" 选项,并点击窗体下边的 "Next" 按钮,如图 3-16 所示。

(4) 完成上一步操作后,在弹出的新的 "Add JRE" 窗体中点击右上角的 "Directory" 按钮,为开发工具选择一个新的 JDK 环境。在弹出的文件目录选择框中,选择操作系统中 JDK 的安装根目录,即 JDK 的 Home 目录,最终得到如图 3-17 所示的 JDK 配置参数,最后点击 "Finish" 按钮。

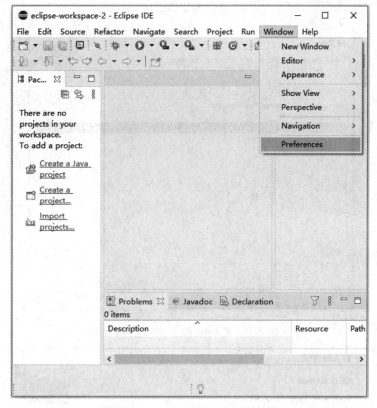

图 3-14　Eclipse 整合 JDK 环境(1)

图 3-15　Eclipse 整合 JDK 环境(2)

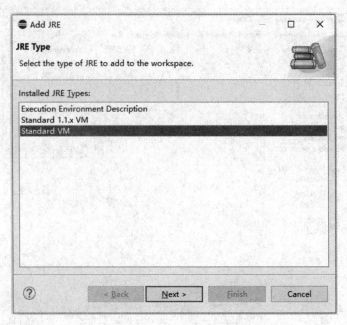

图 3-16　Eclipse 整合 JDK 环境(3)

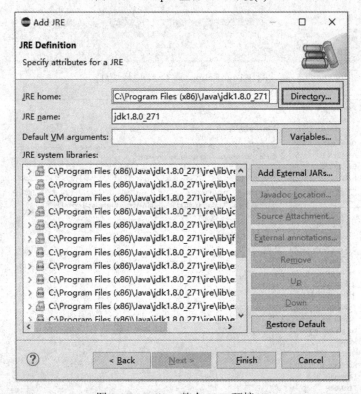

图 3-17　Eclipse 整合 JDK 环境(4)

　　(5) 完成上一步操作后再回到"Preferences"窗体中,在此窗体中选中新添加进来的 JDK 项,如图 3-18 所示,最后点击"Apply and Close"按钮,完成 Eclipse 集成开发工具与操作系统中 JDK 环境的整合。

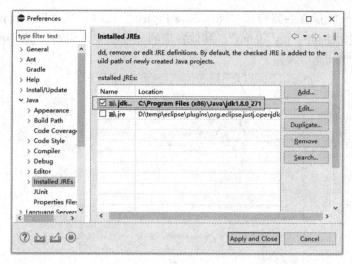

图 3-18　Eclipse 整合 JDK 环境(5)

3.3.3　Eclipse 编程开发

在 Java SE 的开发中，Eclipse 集成开发工具编程的开发主要体现在对源代码文件(.java 文件)的编码开发，以及对项目工程等资源的构建、编译、调试、运行等环节的支持与实现上。下面介绍如何使用 Eclipse 集成开发工具进行 Java 应用程序的编码开发。

(1) Eclipse 集成开发工具编程开发的第一步是创建一个工程(Porject)。在菜单栏中选择"File"菜单，然后在其弹出的二级菜单中选择"New"菜单项，最后在三级子菜单中选择"Java Project"菜单项，如图 3-19 所示，即可开始创建 Java 项目工程。

图 3-19　Eclipse 开发编程(1)

(2) 完成上一步操作后将弹出"New Java Project"窗体，在"Project name"栏中输入 Java 工程的名称，例如"my_demo"，其他各项的参数配置使用默认值即可，如图 3-20 所示，最后点击"Finish"按钮。

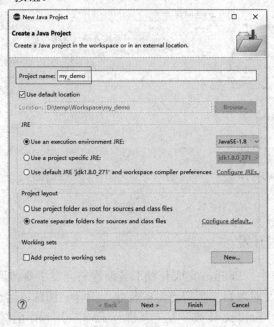

图 3-20　Eclipse 开发编程(2)

(3) 完成上一步操作后返回到开发工具主界面窗口，在资源文件结构区将可看到上一步创建的项目工程，如图 3-21 所示，同时可根据自己的实际需求与个人喜好，点击包视图或导航视图选项卡切换项目工程中资源的展现形式。

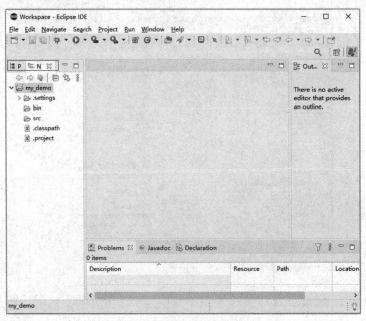

图 3-21　Eclipse 开发编程(3)

(4) 接着为工程添加一个模块包，右键点击上一步创建的项目工程，在弹出的菜单中选择"New"菜单项，然后在次级子菜单中选择"Package"菜单项，如图 3-22 所示。

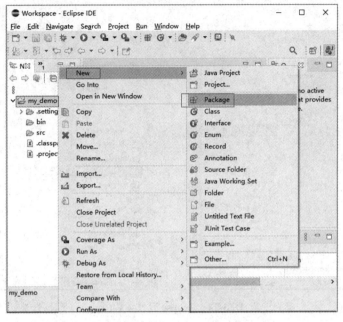

图 3-22　Eclipse 开发编程(4)

(5) 在弹出的"New Java Package"窗体中的"Name"栏输入一个自己想定义的包名称，例如"com.demo"，如图 3-23 所示，最后点击"Finish"按钮完成包的定义操作。此时在资源文件结构区将可以看到"com/demo"两级目录的包结构。

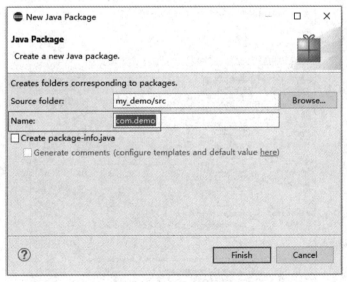

图 3-23　Eclipse 开发编程(5)

(6) 完成项目工程中包的定义后，则可以在包中创建类文件了。右键点击包中最里层的目录，在弹出的菜单中选择"New"菜单项，然后在其次级子菜单中选择"Class"菜单项，如图 3-24 所示，进入类的创建向导。

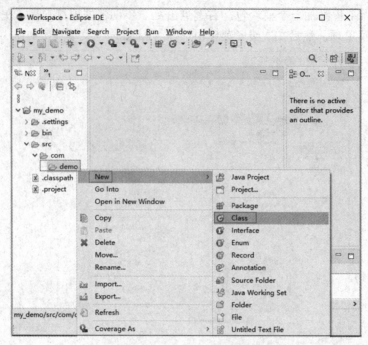

图 3-24　Eclipse 开发编程(6)

(7) 在弹出的"New Java Class"窗体中，"Source folder"栏定义的是项目工程中源代码的根目录；"Package"栏定义的是正在创建的类所在的包，这两项均使用开发工具带进来的默认值即可；"Name"栏定义的是类名，需开发人员手动输入，例如"TestDemo"，如图 3-25 所示。最后点击"Finish"按钮，完成类的创建。

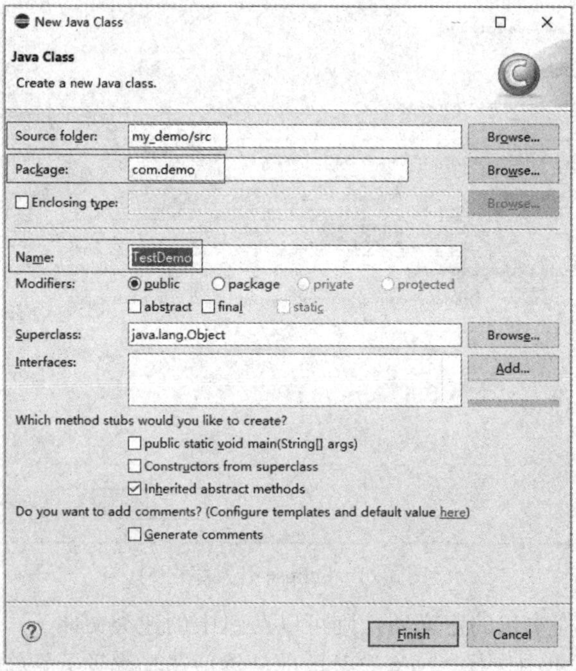

图 3-25　Eclipse 开发编程(7)

(8) 回到开发工具主窗体，可以看到在 "com/demo" 包目录结构下生成了一个 TestDemo.java 文件，双击该文件，在编码区可以看到该文件已经有类的主体结构代码了，接下来只需要在类中补充程序入口 main 方法编码，如图 3-26 中圈住的部分代码。

完成对源文件的编码后点击左上角的保存按钮保存源文件。在保存源文件的同时，开发工具会自动编译源代码文件，可以看到，在工程 bin 目录对应包路径下自动生成了编译后的字码节文件 "TestDemo.class"。本类源文件 "TestDemo.java" 的完整编码如下：

```java
package com.demo;

public class TestDemo {
    public static void main(String[] args) {
        System.out.println("---TestDemo---");
    }
}
```

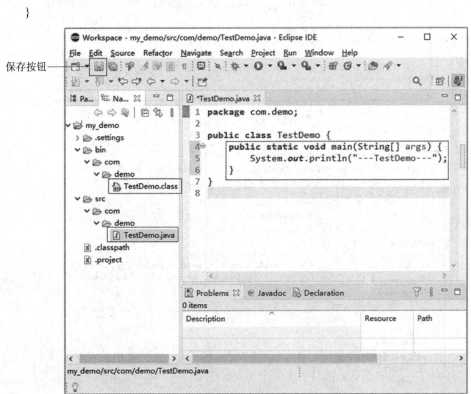

图 3-26　Eclipse 开发编程(8)

(9) 编码完成后即可运行程序。在如图 3-27 所示的资源文件结构区中右键点击源文件 "TestDemo.java"，在弹出的菜单中选择 "Run As" 菜单项，在次级子菜单中选择 "Java Application" 菜单项，使应用程序运行起来。如图 3-28 所示，可以看到控制台 Console 视图中的输出结果为 "---TestDemo---"，至此一个完整的代码开发、编译、运行过程结束。

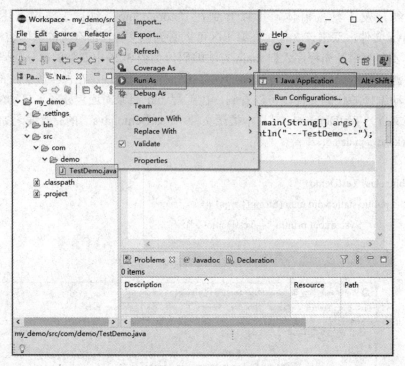

图 3-27 Eclipse 开发编程(9)

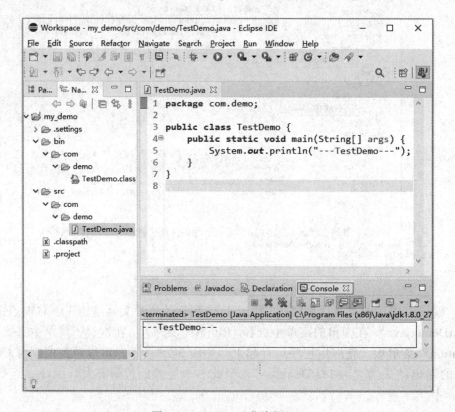

图 3-28 Eclipse 开发编程(10)

习　题　3

一、选择题

1．Eclipse 集成开发工具包含的版本有(　　)[多选]。

A．Luna(月神)　　　　　　　　　　　B．Mars(火星)

C．Oxygen(氧气)　　　　　　　　　　D．Photon(光子)

2．以下关于 Eclipse 集成开发工具的描述正确的是(　　)[多选]。

A．它是一个开源工具　　　　　　　　B．它是 Sun 公司旗下的产品

C．它由 Eclipse 基金会负责管理　　　D．它只适合于 Java 编程语言开发

3．Eclipse 集成开发工具中 Navigator 视图的作用是(　　)[单选]。

A．便于应用程序调试

B．便于应用程序产品发布

C．在项目工程中以包结构的形式展现资源文件

D．在项目工程中以实际目录结构的形式展现资源文件

4．使用 Eclipse 集成开发工具进行编程开发，应用程序的组织必须以(　　)为单位[单选]。

A．单元(Unit)　　　　　　　　　　　B．接口(Interface)

C．项目工程(Project)　　　　　　　　D．用例(UseCase)

二、问答题

1．如何理解 Eclipse 集成开发工具在 Java 语言编程开发中的作用？

2．Eclipse 集成开发工具如何整合操作系统中的 Java 编程环境？

3．Eclipse 集成开发工具中的 Package、Navigator 两种视图有什么区别？

4．在 Eclipse 集成开发工具中如何运行一个类的 main 方法？

第 4 章　Java 语言基础语法

❖ 认识 Java 编程语言的语法结构
❖ 了解 Java 编程的输入/输出语句
❖ 了解 Java 编程的注释语句
❖ 理解 Java 应用程序入口签名语法
❖ 掌握 Java 编程类模板的定义

本章将介绍 Java 编程语言的基础入门语法，在论述编程语言基本语法结构的同时，着重讲解类模板的定义，以及在编程开发过程中如何接收外部传入的数据，在应用程序中如何输出相关数据，在编程语言中如何使用注释语句，最后讲解应用程序入口 main 方法签名。

4.1　类 的 定 义

在 Java 编程语言中，类是代码存在的载体，应用程序中的绝大部分代码语句都是限定在类结构以内的，同时类也是一种编程结构，称为类模板，代表同一类型事物共性属性的抽象归集。类是 Java 编程语言中最基本的代码单元，同时也是一种模块单元，代表一个功能模块。

4.1.1　类的结构

Java 编程语言中定义类结构的关键字为"class"，关键字的后面跟类的名称，关键字的前面为权限修饰语。类结构分为类头与类体，以上描述为类结构中类头的声明语法。

类结构的类体则以英文状态下左大括号"{"开头，以英文状态下右大括号"}"结尾，类模块的语句代码全部在类体中编写，不得超越类体以外的地方，类体中可以定义结构变量及结构函数(方法)。

Java 类的语法结构如下：

```
权限修饰语 + 类声明关键字"class"+ 类名称
类体开始符号"{"
        结构变量 1 定义
            ⋮
        结构变量 n 定义
结构函数 1(方法)定义
```

　　　　　　⋮

　　　　结构函数 n(方法)定义

　　　类体结束符号"}"

4.1.2　类的分析

　　在一个类结构中，类头是必需的，代表一个类的门面，与其他模块交互就是根据类头签名实现的。

　　在类体中，结构变量是可选的，可以根据实际情况定义，数量不做限制，也可以没有结构变量。同时，结构函数一般称为方法，也可以根据实际情况定义，数量上没有特别的限制，但一般情况下，类体要有一个以上的结构函数存在，否则，该类的存在就没有实际编程的意义，一个结构函数代表一个业务功能实现。

　　【案例 4-1】　类结构示例。

　　利用 Person 类演示一个基本 Java 类中所包含的数据变量以及相关的功能函数(方法)，代码如下：

```java
public class Person {
    public String name;
    public String address;
    public int age;
    public boolean isMale;

    public void work() {
        System.out.println("Now is working...");
    }

    public void go() {
        System.out.println("Now is going to...");
    }

    public void say() {
        System.out.println("Now is saying...");
    }
}
```

　　以上代码是一个完整的类结构代码，代码中具备了类模块中的各种要素与组成，现对类中的各种成分及语法做具体分析。

　　(1) 语句"public class Person"：声明一个名称为"Person"的类结构。类名称的第一个字母按编程规范要求大写。权限关键字"public"表示该类的访问权限为公有权限。当"class"关键字前面为"public"修饰时，类名称必须与源代码文件的名称相同。

　　(2) 类结构中四个数据量的声明：语句"public String name"表示声明了一个字符串类

型的变量，名称为"name"；语句"public String address"表示声明了一个字符串类型的变量，名称为"address"；语句"public int age"表示声明了一个整型的变量，名称为"age"；语句"public boolean isMale"表示声明了一个逻辑类型的变量，名称为"isMale"。

(3) 类结构中结构函数(方法)的声明：语句"public void work()"表示声明了一个名称为"work"的函数(方法)；语句"public void go()"表示声明了一个名称为 "go"的函数(方法)；语句"public void say()"表示声明了一个名称为"say"的函数(方法)。

(4) 类中的其他语法：Java 语言严格区分大小写，同一字母的大小写代表两个不同的事物。另外，Java 语言以英文状态下的分号作为代码语句的结束符号。

4.2 包 的 定 义

在 Java 编程语言中，包是项目工程中的一种模块的划分方式，类似操作系统中硬盘分区的概念。在本质上来说，包是一种目录路径结构。一般来说，项目工程中不同的包代表不同的功能模块，在同一个包下可以有众多的类文件，代表一个比类模块还要更大级别的功能模块，包中的类文件可以被其他需要使用的模块导入并调用。

Java 语言中包的语法规则如下：

(1) 包的声明关键字为"package"，同时包必须声明在类文件中的最上面。

(2) 一个类文件只能声明一个包，即类文件只能从属于某一个包组织，查找类文件时必须加上完整的包名称。

(3) 包语法声明格式：关键字"package"+ 包路径名称。

(4) 包组织的类结构导入格式：

单个类结构导入：关键字"import"+ 包路径名称 + 类名称。

包组织下全部类结构导入："import"+ 包路径名称 + "*"。

【案例 4-2】 包结构示例。

利用 MyPack 类演示如何在 Java 类文件中声明包组织，以及如何在类中导入其他包组织中的类文件，代码如下：

```
package com.stu.web;

import java.util.Date;

public class MyPack {
    public static void main(String[] args) {
        Date date = new Date();
        System.out.println(date);
    }
}
```

本案例源代码中定义了一个名为"MyPack"的类结构,在类文件的最上面使用"package"关键字声明了一个名称为"com.stu.web"的包组织,"MyPack"类文件从属于"com.stu.web"

包。另外，"MyPack"类文件中还通过关键字"import"导入"java.util"包组织下的"Date"类，在"MyPack"类范围以内编码时可直接引用此"Date"类。

包组织其本质上是一个多层级的目录结构，在 Eclipse 集成开发工具中，不同视图下所看到的包组织形态会有所不同。如图 4-1 所示为在 Package 视图下看到的包组织形态，在该视图下看到项目工程中有两个模块包"com.stu.po"和"com.stu.web"。如图 4-2 所示则是在 Navigator 视图下看到的包组织形态，在该视图看到的类文件以目录结构"po"和"web"的形式进行资源归类。

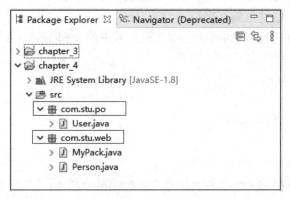

图 4-1　Package 视图

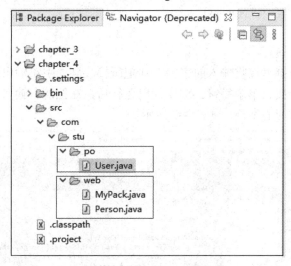

图 4-2　Navigator 视图

4.3　程序输入/输出

输入/输出是应用程序与外部参与者进行数据交互的一种形式及手段。在 Java 编程语言中，与外部进行数据交互的方式有很多，可以通过数据文件交互，也可以通过接收键盘输入交互。基础的交互方式主要包括：在 main 方法中通过参数传递数据，通过输入/输出流进行数据交互，以及通过 API 中的工具类进行数据交互。

4.3.1 单字符参数输入

Java 应用程序接收外部数据输入的基础方式是通过键盘接收输入的字符串信息，然后对字符串信息进行分析、类型转换，最后得到我们所需要的数据信息。

通过键盘接收输入的字符串，需要用标准输入流语句"System.in"，该语句返回一个 InputStream 对象，该对象中包含一个 read()函数(方法)，通过该函数可以接收从键盘输入的字符串，但这种方式只能接收单个字符，不能接收多个字符。

【案例 4-3】 接收键盘输入字符。

利用 InputDemo1 类演示如何通过输入流对象中的 read()函数(方法)实现从键盘中接收字符到应用程序中，代码如下：

```java
package com.stu.io;

import java.io.IOException;

public class InputDemo1 {
    public static void main(String[] args) throws IOException {
        char c = (char) System.in.read();
        System.out.println(c);
    }

}
```

本案例实现了从键盘接收输入的字符，并把所接收到的字符输出打印，实现与外部参与者的互动，但只能接收单个字符。程序代码运行后，在控制台输入一个字符，则会在控制台同样输出这个对应的字符，如图 4-3 所示。

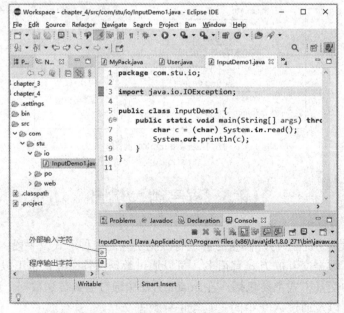

图 4-3　单字符输入/输出

本案例的代码分析如下：

(1) 应用程序中定义了一个名称为"InputDemo1"的类。

(2) 通过"package com.stu.io"语句声明本类从属于"com.stu.io"包组织。

(3) 通过"import java.io.IOException"语句导入了一个"IOException"类。

(4) 通过"char c = (char) System.in.read()"语句使用输入流接收从键盘接收的字符，并转化为 char 类型。

(5) 通过"System.out.println(c)"语句在控制台输出所接收到的字符。

4.3.2　多字符参数输入

基于"System.in"语句的标准输入流只能接收单个字符，在很多场景下无法满足一次接收多个字符的需求，在 JDK 中提供了对应的 API(Application Programming Interface)工具类来满足此方面的需求。

在 JDK 的"java.util"包下提供了"Scanner"工具类，可以实现对键盘的输入连续监听，即可一次接收多个字符。"Scanner"类对"System.in"的标准输入流进行重新封装，在"Scanner"类中同时提供了 next()函数来接收键盘的字符串输入。

【案例 4-4】　接收键盘输入字符串(多个字符)。

利用 InputDemo2 类演示如何通 Scanner 类的函数(方法)实现从键盘中接收字符串到应用程序中，代码如下：

```
package com.stu.io;


import java.io.InputStream;
import java.util.Scanner;


public class InputDemo2 {
    public static void main(String[] args) {
        InputStream in = System.in;
        Scanner sc = new Scanner(in);
        String str = sc.next();
        sc.close();
        System.out.println(str);
    }

}
```

本案例实现了从键盘接收一次输入的多个字符，并输出所接收的字符串到控制台上，实现与外部参与者的互动。程序代码运行后，在控制台输入若干的字符，则会在控制台同样输出相对应的字符串，如图 4-4 所示。

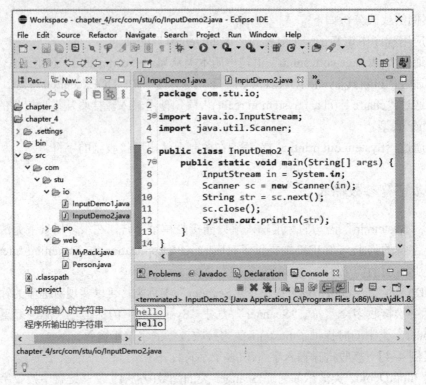

图 4-4   多字符输入/输出

本案例的代码分析如下：

(1) 定义了一个名称为"InputDemo2"的类。

(2) 通过"package com.stu.io"语句声明本类从属于"com.stu.io"包组织。

(3) 通过"import java.io.InputStream""import java.util.Scanner"语句导入了"InputStream"类及"Scanner"类。

(4) 通过"InputStream in = System.in"语句将键盘接收的字符串转化为标准输入流。

(5) 通过"Scanner sc = new Scanner(in)"语句对标准输入流重新封装成"Scanner"类对象。

(6) 通过"String str = sc.next()"语句以阻塞的方式等待键盘输入，键盘输入前程序将运行至此等待，按下回车键后程序往下执行。

(7) 通过"sc.close()"语句关闭"Scanner"类所封装的标准输入流。

(8) 通过"System.out.println(str)"语句输出接收到的字符串。

4.3.3   运行输出

程序的运行输出是对外部用户或其他参与者的响应输出，用户通过运行输出可以得知程序的运行状况以及运算结果。程序运行输出的方式有多种，可以通过文件输出，也可以通过页面输出，还可以通过第三方设备输出。基础的运行输出方式是在程序运行的控制台直接打印输出相应的信息。

　　在 Java 编程语言中，最基本的输出方式是在"System"中调用标准打印输出流，在打印输出流中包含有打印输出函数。语句"System.out"可获得标准输出流 PrintStream。

　　PrintStream 类中用于输出数据的 API 函数(方法)如下：

　　(1) println()：直接在控制台输出参数的内容；可输出字符串、数值等类型；输出完毕换行。

　　(2) print()：直接在控制台输出参数的内容；可输出字符串、数值等类型；输出完毕不换行。

　　(3) printf()：按某种格式在控制台输出参数的内容；可输出字符串、数值等类型；输出完毕不换行。

【案例 4-5】 应用程序数据输出。

　　利用 OutputDemo 类演示 PrintStream 类的输出函数(方法)如何将应用程序数据输出到开发工具的控制台，代码如下：

```java
package com.stu.io;
public class OutputDemo {
    public static void main(String[] args) {
        System.out.println("abc");
        System.out.println("efg");
        System.out.println("-------------");

        System.out.print("hij");
        System.out.print("lmn");
        System.out.println("\n-------------");

        System.out.printf("%f",12.34);
        System.out.print("----");
        System.out.printf("%f",15.64);
    }
}
```

　　本案例分别使用 System.out.println()、System.out.print()、System.out.printf()实现不同格式的运行结果输出。

　　程序代码运行后，调用 println()函数的数据输出后会换行；调用 print()函数的数据输出后不会换行；调用 prinf()函数的数据将按设定的格式输出数据，并且输出数据后不会换行。程序最终在控制台输出结果，如图 4-5 所示。

　　本案例的代码分析如下：

　　(1) 应用程序中定义了一个"OutputDemo"类。

　　(2) 通过"package com.stu.io"语句声明本类从属于"com.stu.io"包组织。

　　(3) 通过"System.out"语句调用"PrintStream"打印输出流。

　　(4) 通过"System.out.println("abc")""System.out.println("efg")"语句，实现在控制台输出字符串"abc"换行后再输出字符串"efg"。

(5) 通过"System.out.print("hij")""System.out.print("lmn")"语句，实现在控制台输出字符串"hij"与"lmn"，并且所输出的字符串在同一行(即不换行)。

(6) 通过"System.out.printf("%f",12.34)""System.out.printf("%f", 15.64)"语句，实现按设置的格式输出运行结果。

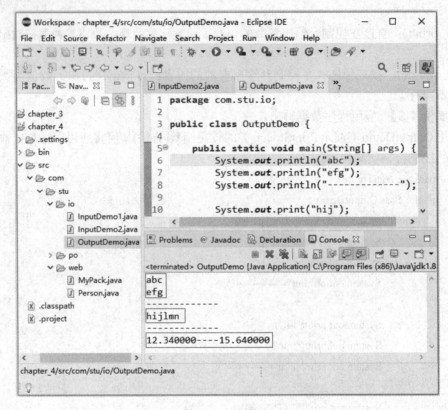

图 4-5　运行输出

4.4　应用程序 main 函数

在 Java 编程语言中，main 函数(也称为 main 方法)是应用程序的入口，应用程序启动后即以该函数作为起点，来执行整个应用程序的运算。

作为应用程序的入口，main 函数以独特的方式存在于类文件中，一个项目工程中可以有多个程序入口，即允许存在多个 main 函数，每个类文件中都可以声明 main 函数，但最多不能超过一个。每个 main 函数均分为方法头与方法体，方法头即函数的签名，方法体以左大括号开头，右大括号结尾。

在 Java 类文件中，main 函数的格式即方法签名是固定的，不能变更，如果变更则 JVM 将不能识别其为程序入口。

main 函数签名格式如下：

```
public static void main(String[] args)
```

函数签名格式语法说明如下：

(1) public：公有的权限。

(2) static：静态方法。

(3) void：返回类型为空。

(4) main：函数的名称。

(5) String[]：函数的参数为 String 类型数组。

main 函数结构及声明示例如下：

```
public static void main(String[] args) {

        System.out.println("This is main method...");

    }
```

以上是 main 函数的标准声明格式，函数头是固定的，一般情况下不能更改，方法体可以根据实际需要进行编码。该 main 函数中包含一条输出语句，应用程序启动后将立刻执行 main 函数里面的代码语句。

4.5　注　释　语　句

在 Java 编程语言中，有众多的语句类型，不同语句类型在应用程序中的功能作用及相关语法是不相同的。例如条件语句的作用是条件判断，循环语句的功能是逻辑上的循环控制，输出语句则是展示程序的运算结果。

注释语句作为应用程序代码语句中的一种类型，以一种独特的方式参与应用程序的编码实现。注释语句的作用是提升程序代码的可读性，方便源代码的运维与管理，其不参与应用程序的实际运行。

Java 编程语言中注释语句的类型有多种，基本类型可分为单行注释语句和多行注释语句。

4.5.1　单行注释语句

单行注释语句的作用是表明这一行语句只是为了增加源代码的可读性，对相关应用程序代码做注解性说明，如说明代码的算法，或函数的实现原理等。一旦语句被标识为注释语句，则将不再参与程序的编译与运行。

单行注释语句的语法说明如下：

(1) 语句符号：英文状态下的双斜杠“//”。

(2) 作用范围：注释符号所在行。

【案例 4-6】单行注释语句的使用。

利用 SingleAnno 类演示如何在应用程序中使用单行注释语句，代码如下：

```
package com.stu.anno;

public class SingleAnno {

    //main 方法为程序入口

    public static void main(String[] args) {
```

```
//声明数学成绩变量，其值为 80
double math = 80;

//声明语文成绩变量，其值为 78
double chinese = 78;

//声明音乐成绩变量，其值为 82
double music = 82;

//声明英语成绩变量，其值为 86
double english = 86;

//计算所有课程的平均分
double avg = (math+chinese+music+english)/4;

//输出课程的平均分
System.out.println(avg);

//System.out.println("--程序执行完毕--");
        }
    }
```

本案例首先定义出数学、语文、音乐、英语四门课程的成绩，最后计算出平均分，并输出所有课程的平均分。

程序代码中凡以双斜杠"//"开头的语句均为注释语句，不参与程序的编译与运行，只是对源代码的相关语句做注释说明，增加代码的可读性。main 函数中的最后一条语句"//System.out.println()"虽然为输出语句，但因其前面带有双斜杠"//"，故视该语句为注释语句，也不会参与程序的编译与运行。

4.5.2　多行注释语句

多行注释语句与单行注释语句的功能作用是一样的，但作用范围不相同。单行注释语句只对所在行有效，而多行注释语句可以同时注释多行，即被多行注释符号标注的所有行都被视为注释语句，不参与程序的编译与运行。

多行注释语句的语法说明如下：

(1) 语句符号：包含开始符号、结束符号。

开始符号：英文状态下的斜杠＋星号，即"/*"。

结束符号：英文状态下的星号＋斜杠，即"*/"。

(2) 作用范围：注释符号开始与结尾所围住的所有代码行。

【**案例 4-7**】 多行注释语句的使用。

利用 MultiAnno 类演示如何在应用程序中使用多行注释语句，代码如下：

```java
package com.stu.anno;
public class MultiAnno {
    public static void main(String[] args) {
        int a = 20;
        int b = 10;
        int c = 30;

        //临时变量
        int temp = 0;

        /*  通过比较变量 a、变量 b、变量 c 的值
          来实现变量 a、b、c 值的交换，
          最终实现变量 a>变量 b>变量 c*/
        if(a<b) {
            temp = a;
            a = b;
            b = temp;
            temp=0;
        }
        else if (a<c) {
            temp = a;
            a = c;
            c = temp;
        }

        if(b<c) {
            temp = b;
            b = c;
            c = temp;
        }

        //按从大到小的顺序输出数字
        System.out.println(a+"\t"+b+"\t"+c);
        /*
        System.out.println(a);
```

```
                    System.out.println(b);
                    System.out.println(c);
                    */
            }
    }
```

本案例实现了变量 a、b、c 数值的交换，最终实现数值在变量中按从大到小的排列，即变量 a>变量 b>变量 c，并在控制台输出。

代码中凡被多行注释开始符号"/*"与结束符号"*/"所包围的代码均为注释语句，不参与程序的编译与运行。main 函数中最后的三条语句"System.out.println(a)""System.out.println(b)""System.out.println(c)"虽然为输出语句，但因其被多行注释符号"/*…*/"标注了，因此这三条语句将被视为注释语句，不会参与程序的编译与运行。

习 题 4

一、选择题

1. Java 编程语言中定义类结构的关键字是(   )[单选]。

A. public   B. class   C. void   D. static

2. Java 编程语言中定义包组织的关键字是(   )[单选]。

A. package   B. int   C. interface   D. if

3. Java 编程语言中导入某个包组织中的类的关键字是(   )[单选]。

A. private   B. double   C. import   D. else

4. Java 编程语言的类体中可以存在的元素有(   )[多选]。

A. 接口   B. 枚举   C. 变量   D. 函数(方法)

5. 以下关于 Java 编程语言的语法描述正确的有(   )[多选]。

A. public 修饰 class 关键字时，源代码文件名称与类结构名称可以不相同

B. Java 语言严格区分大小写

C. Java 语言的语句结束符号为英文状态下的分号

D. 声明包组织的语句必须放在类文件中所有代码的最上面

6. 以下关于 Java 应用程序的输入/输出描述正确的有(   )[多选]。

A. System.in.read()语句只能接收键盘输入的单个字符

B. Scanner 工具类可以通过对标准输入流的封装，实现接收键盘连续输入的多个字符

C. System.out.println()是一条换行的打印输出语句

D. System.out.print()是一条不换行的打印输出语句

7. 以下 Java 编程语言 main 函数签名的正确格式是(   )[单选]。

A. public void main(String[] args)

B. public static main(String[] args)

C. static void main(String[] args)

D. public static void main(String[] args)

8. 以下关于 Java 编程语言注释语句的说法正确的有(　　)[多选]。

A. 单行注释语句的注释符号是 "//"

B. 单行注释语句的注释范围可以跨越多行

C. 多行注释语句的注释符号是 "/*…*/"

D. 被注释语句标注的代码语句不参与程序的编译及运行

二、问答题

1. 如何理解 Java 语言中类的组织结构?

2. 如何理解 Java 语言中包的作用?

3. 在 Java 语言中如何导入某个包组织中的业务类?

4. 在 Java 应用程序中如何从键盘接收多个字符串输入?

5. 如何理解 main 函数在 Java 应用程序中的位置与作用?

6. 如何理解注释语句在程序编码中的功能作用?

第 5 章 数据变量与类型

学习目标 ✍

◇ 认识 Java 编程语言关键字
◇ 了解八大数据类型
◇ 理解数据类型转换原理
◇ 掌握标识符的命名规则
◇ 掌握变量、常量的声明

本章介绍 Java 编程语言中的数据变量与数据类型，讲述各类标识符的命名规范、应用程序开发编程规范，着重讲解数据类型的分类以及各种类型数据在编程开发中的适用场景，最后讲解数据变量、常量的声明以及两者之间的区别与作用。

5.1 标识符的命名

标识符是指在程序开发过程中所涉及的各种编码元素，各类型数据结构，以及各种实例、对象、函数方法的名称。为了提升程序代码的可读性，有利代码维护与功能拓展、二次开发等方面的后续工作，所有标识符的命名必须符合相应的编程规范。

5.1.1 关键字

关键字是指编程语言中有特定用途、特定含义的词语。关键字不能随意使用，更不能用作它用。在某些编程语言中关键字也称为保留字，但在 Java 编程语言中保留字不能等同于关键字。例如，Java 编程语言中的保留字 "goto" 是 C++ 编程语言的关键字，而在 Java 语言中对 "goto" 语句并没有相关的实现，所以它不是关键字，然而最终在 Java 语言中还是把它作为特殊字符保留了下来，但其不能在其他方面使用。

Java 编程语言中，关键字的数量不是很多，总数不超过 60 个，每个关键字都有特定含义，适用特定的编码场景。

关键字分类列表说明如下：

(1) 权限类关键字：private、protected、public。

(2) 类结构声明关键字：class、interface、implements、import、package、extends。

(3) 函数(方法)声明关键字：static、synchronized、void、abstract、final。

(4) 子父关系关键字：super、this。

(5) 数据类型关键字：byte、short、int、long、float、double、char、boolean。

(6) 逻辑类关键字：true、false。

(7) 异常类关键字：throw、throws、try、catch、finally。

(8) 流程控制类关键字：for、while、do、else、if、case、switch、continue、break、return。

(9) 创建类关键字：new。

(10) 指向类关键字：null。

(11) 其他关键字：default、instanceof、native、transient、volatile。

(12) 保留字：const、goto。

5.1.2 标识符命名规范

在 Java 语言编程规范中对标识符命名规范做了具体的描述与限制，包括标识符名称的含义、标识符名称所包含的字符类型、标识符名称的长度、标识符名称所用的语言以及词语之间的连接等。在应用程序开发过程中，应按相关规范标准进行编码开发，以利于团队协作开发与代码管理。

标识符命名标准说明如下：

(1) 标识符字符种类：字母、下划线"_"、美元符号"$"、数字、中文汉字、希腊字母。

(2) 标识符字符长度：任意个字符数，没有长度限制。

(3) 标识符能否包含数字符号：可以包含数字符号，但数字符号不能放在开头。

(4) 标识符中多个单词组合：从第二个单词开始第一个字母大写，其余字母全部小写，如"userBankAccount"。

(5) 标识符能否包含运算符：不能包含+、−、=、*、/等运算符。

(6) 标识符能否是关键字：不能是编程语言中的任一保留字或关键字。

(7) 标识符是否区分大小：严格区分大小写，大写与小写将会被判定为两个不同的标识符。

关于标识符的命名举例及相关说明：

```
person          //正确声明，可以纯字母

6hours          //错误声明，不能以数字开头

_abc            //正确声明，可以包含下划线

class           //错误声明，不能是关键字

test4User       //正确声明，可以包含数字

music+Math      //错误声明，不能包含运算符号

my$Amount       //正确声明，可以包含美元符号
```

5.2 基本数据类型

Java 编程语言中有八大基本数据类型，也称为八大原始数据类型。应用程序中的各种引用数据类型，均由八大基本数据类型复合得到。按照数据属性对基本数据类型进行归类，最终可以得到四种数据类别，分别是：整型、浮点型、字符型、布尔型。其中，整型类别

包括：字节型(byte)、短整型(short)、整型(int)、长整型(long)；浮点型类别包括：单精度浮点型(float)、双精度浮点型(double)；字符型类别只含一种：字符型(char)；布尔型类别只含一种：布尔型(boolean)。以上八种数据类型统称为八大基本数据类型。

5.2.1 整型

整型数据中，各种数据类型均为整数，但不同类型数据的数据范围不同，其字节长度也不一样。整型数据有字节型、短整型、整型、长整型四种基本数据类型。

1. 字节型数据类型语法规则

(1) 声明关键字：byte。

(2) 类型长度：1 个字节(8 位)。

(3) 范围：$-2^7 \sim 2^7 - 1$，即 $-128 \sim 127$。

(4) 声明格式：byte + 变量名称。

字节型数据举例及相关说明：

```
byte a = 10          //正确声明
byte b = 200         //错误声明，byte 类型数据值不能大于 127
byte c = -50         //正确声明
byte d = -150        //错误声明，byte 类型数据值不能小于-128
```

2. 短整型数据类型语法规则

(1) 声明关键字：short。

(2) 类型长度：2 个字节(16 位)。

(3) 范围：$-2^{15} \sim 2^{15} - 1$，即 $-32\,768 \sim 32\,767$。

(4) 声明格式：short + 变量名称。

短整型数据举例及相关说明：

```
short e = 5000       //正确声明
short f = 40000      //错误声明，byte 类型数据值不能大于 32 767
short g = -2500      //正确声明
short h = -62000     //错误声明，byte 类型数据值不能小于 -32 768
```

3. 整型数据类型语法规则

(1) 声明关键字：int。

(2) 类型长度：4 个字节(32 位)。

(3) 范围：$-2^{31} \sim 2^{31} - 1$，即 $-2\,147\,483\,648 \sim 2\,147\,483\,647$。

(4) 声明格式：int + 变量名称。

整型数据举例及相关说明：

```
int i = 800          //正确声明
int j = 99999        //正确声明
int k = -700000      //正确声明
```

4. 长整型数据类型语法规则

(1) 声明关键字：long。

(2) 类型长度：8 个字节(64 位)。

(3) 范围：$-2^{63} \sim 2^{63}-1$，即 $-9\,223\,372\,036\,854\,775\,808 \sim 9\,223\,372\,036\,854\,775\,807$。

(4) 声明格式：long +变量名称。

(5) 表示形式：数值后面带大写"L"或小写"l"。

长整型数据举例及相关说明：

long l = 2300	//正确声明，2300 为 int 类型，能自动转为 long 类型
long m =-1000	//正确声明，-1000 为 int 类型，能自动转为 long 类型
long n = 2147483649	//错误声明，2147483649 值超出 int 范围，无法赋值
long o = 83000L	//正确声明，83000L 为 long 类型数值
long p = 2147483649L	//正确声明，2147483649L 为 long 类型数值

5.2.2　浮点型

浮点型数据中，各种类数据均为带小数的类型，不同种类的数据取值范围不同，字节长度也不一样。浮点型数据有单精度浮点数、双精度浮点数两种类型数据。

1. 单精度浮点数类型语法规则

(1) 声明关键字：float。

(2) 类型长度：4 个字节(32 位)。

(3) 范围：$-3.40282\text{E}+38 \sim +3.40282\text{E}+38$。

(4) 最大精度：小数点后 7 位。

(5) 声明格式：float + 变量名称。

(6) 表示形式：数值后面带大写"F"或小写"f"。

单精度浮点数类型数据举例及相关说明：

float f1 = 13.12F	//正确声明
float f2 = 405.356	//错误声明，405.356 不是单精度浮点数
float f3 = -305.73F	//正确声明
float f4 = -3005.24	//错误声明，-3005.24 不是单精度浮点数

2. 双精度浮点数类型语法规则

(1) 声明关键字：double。

(2) 类型长度：8 个字节(64 位)。

(3) 范围：$-1.79769\text{E}+308 \sim +1.79769\text{E}+308$。

(4) 最大精度：小数点后 16 位。

(5) 声明格式：double + 变量名称。

(6) 表示形式：数值后面带大写"D"或小写"d"。

(7) 默认类型：无后缀时默认类型为双精度浮点数。

双精度浮点数类型数据举例及相关说明：

```
double d1 = 29.369D              //正确声明
double d2 = 869.75934           //正确声明，869.759 34 默认为双精度浮点数
double d3 = -42.89F              //正确声明，单精度会自动转为双精度浮点数
double d4 = -4590.389           //正确声明，-4590.389 默认为双精度浮点数
```

5.2.3 字符型

字符型数据由单个字符构成，不同于字符串(多字符集合)类型。字符型数据需用英文单引号括起(不能是双引号)。字符型数据占 2 个字节 16 位，可以存储中文字符。

字符型数据除了能存储通常意义上的普通字符之外，还可以存储特殊的控制字符，如回车、换行、跳格等，但在表示这些控制字符时需用转义符号"\"引导，如"\r"表示回车、"\n"表示换行、"\t" 表示跳格、"\\" 表示输出单个 "\" 符号。

字符型数据除了存储以上类型的字符信息外，还能存储数值，但这里所说的数值并不是数学运算上的数值，而是指操作系统 ASCII 编码中，编码值所对应的某个字符。

字符型语法规则说明如下：

(1) 声明关键字：char。

(2) 类型长度：2 个字节(16 位)。

(3) 声明格式：char + 变量名称。

字符型数据举例及相关说明：

```
char ch1 = 'A'                  //正确声明
char ch2 = "Hi"                 //错误声明，"Hi"不是字符型，而是字符串类型
char ch3 = 85                   //正确声明，字母 U 的 ASCII 编码值
char ch4 = '\n'                 //正确声明，特殊字符表示换行
char ch5 = '中'                 //正确声明，可存储中文字符
```

5.2.4 布尔型

布尔型数据也称为逻辑类型数据，用于是与非、真与假的表示，主要适用于逻辑运算场景。布尔型数据只有两个值：true 和 false。true 代表的是正面、肯定的结论，false 代表的是反面、否定的结论。

在计算机底层，直接使用 1 和 0 来表示布尔逻辑值 true 和 false，所以只需占 1 位即可存储相关值，但计算机系统中最小的存储单元是字节(byte)，1 个字节是 8 位(bit)，因而即使布尔值只有两个数值，也需要占用 1 个字节的存储单元。

布尔型语法规则说明如下：

(1) 声明关键字：boolean。

(2) 类型长度：1 个字节(8 位)。

(3) 范围：true、false。

(4) 声明格式：boolean + 变量名称。

布尔型数据举例及相关说明：

```
boolean b1 = true               //正确声明
```

boolean b2 = True	//错误声明，区分大小写，True 不同于 true
boolean b3 = "true"	//错误声明，不能用引号引住，引住则是字符串
boolean b4 = false	//正确声明

5.3　数 据 变 量

数据变量是指应用程序执行运算过程中，用来存储程序数值的单元载体。在程序开发中，数据变量存在于每个类文件以及方法函数中，它是组织程序结构的一个基本单元，参与应用程序的编译与运算过程。

5.3.1　变量声明

数据变量需要先声明定义才能使用。声明过程必须符合相应的语法规则，变量名称必须符合标识符命名规范，变量数值属性必须与变量所限定的数据类型一致，变量数值大小也不能超出数据类型的数值范围。

变量语法声明规则说明如下：

(1) 声明格式：数据类型 ＋ 变量名称。

(2) 同一名称的变量不能重复定义。

(3) 变量数值不能超出数据类型的最大、最小范围。

(4) 变量名称必须符合标识符命名规范。

变量定义举例及相关说明：

int i	//声明了一个整型变量 i
short s	//声明了一个短整型变量 s
byte b = 100	//声明了一个字节型变量 s，并存储了数值 100
long l = 500000L	//声明了一个长整型变量 s，并存储了数值 500000L
char c1	//声明了一个字符型变量 c1
char c2 = 'T'	//声明了一个字符型变量 c2，并存储了字符数值'T'
double d = 0.69D	//声明了一个双精度浮点型变量 d，并存储了数值 0.69D
float f	//声明了一个单精度浮点型变量 f

Java 应用程序各种类型的变量中，需要特别注意的是字符串类型的变量。字符串型变量是一种比较特殊类型的程序变量，其既不同于八大基本数据类型变量，也不同于一般的自定义类型程序变量。

字符串型变量是一种八大基本数据类型以外的复合变量(也称为引用类型变量)。一个字符串型变量可以存储多个字符信息，变量中的字符值必须使用英文状态下的双引号引住。字符串型变量的声明类型是 String。

字符串型变量与字符型变量相比，相同之处是两种变量所存储的数据类型均为字符；不同之处是字符型变量只能存储单个字符，且字符型变量的字符需用英文状态下的单引号引住，而字符串型变量则可以存储多个字符，且字符串型变量使用双引号引住。

当使用加号运算符"＋"去连接两个或多个字符串值时，这些字符串将按字符内容及相关顺序进行字符连接。如运算表达式"中华" + "人民" + "共和国"运算后将得到"中华人民共和国"的结果。

字符串类型变量定义举例及相关说明：

```
String s1                        //声明字符串型变量 s1
String s2 = "Hello"              //声明字符串型变量 s2，并存储"Hello"
String s3 = "你好"               //声明字符串型变量 s3，并存储"你好"
String s4 = new String("G")      //通过关键字 new 方式声明字符串型变量 s4
```

5.3.2　常量声明

变量是程序运行过程中可以改变的数据值，而常量则是程序运行过程中不变的数据值。常量与变量同为组成应用程序结构的基本要素。常量通常分为数值常量与符号常量。

1. 数值常量

数值常量是指固定的数据值。如数字 8000 就是一个整型的常量值，50.8F 就是一个单精度浮点型常量值，'M'就是一个字符型常量值，"欢迎"就是一个字符串型常量值，这些数据值无论在什么场景下都不会改变，故称为数值常量。

2. 符号常量

符号常量以变量的形式存在，但这种形式的变量所存储的数据值是不能改变的，一旦赋值后，就不能修改，无论在什么场景下，这个变量单元中所存储的都是最原始的数据值。

符号常量的语法规则说明如下：

(1) 声明格式：关键字(final) + 数据类型 + 常量名称。

(2) 同一符号常量不能重复定义。

(3) 符号常量数值不能超出数据类型的最大、最小范围。

(4) 编程规范中要求符号常量名称为大写字母。

关于符号常量的声明举例：

```
final int MILE = 100            //声明整型常量 MILE，值为 100
final String NAME = "李小明"     //声明字符串型常量 NAME，值为"李小明"
final double SUM = 90.0D         //声明双精度浮点型常量 SUM，值为 90.0D
final byte SCORE = 80            //声明字节型常量 SCORE，值为 80
final boolean ISOK = false       //声明逻辑型常量 ISOK，值为 false
final char STATUS = 'Y'          //声明字符型常量 STATUS，值为'Y'
```

习　题　5

一、选择题

1. 以下选项中(　　)是 Java 编程语言中的关键字[多选]。

A. final　　　　　B. byte　　　　　C. import　　　　　D. test

2．以下选项中(　　)是 Java 编程语言中的关键字[多选]。

A．true　　　　　B．NULL　　　　　C．if　　　　　　　D．new

3．关于 Java 编程语言标识符的命名正确的是(　　)[多选]。

A．25school　　　B．False　　　　　C．one/ten　　　　D．time_1000

4．关于 Java 编程语言标识符的命名正确的是(　　)[多选]。

A．hi*　　　　　　B．package　　　　C．中国人　　　　　D．$money

5．以下选项(　　)是 Java 编程语言中的八大基本数据类型[多选]。

A．字节型数据(byte)　　　　　　　B．双精度浮点型数据(double)

C．字符型数据 (char)　　　　　　　D．布尔型数据(boolean)

6．以下选项(　　)是 Java 编程语言中的八大基本数据类型[多选]。

A．整型数据(int)　　　　　　　　　B．长整型数据(long)

C．字符型数据 (char)　　　　　　　D．字符串型数据(String)

7．以下选项(　　)符合字节型(byte)数据的取值范围[多选]。

A．−305　　　　　B．0　　　　　　　C．−56　　　　　　D．128

8．关于 Java 编程语言中八大基本数据类型的描述正确的是(　　)[多选]。

A．单精度浮点型(float)占 4 个字节 32 位

B．字节型(char)不能存放中文字符

C．布尔型(boolean)中只有两个值：0、1

D．字符串型(String)不属于八大基本数据类型

9．关于 Java 编程语言中变量声明不正确的是(　　)[多选]。

A．char ch = 'ha'　　　　　　　　　B．String str = "H"

C．float f = 19.178　　　　　　　　D．String s = 李小明

10．以下选项(　　)是关于符号常量的声明[多选]。

A．final String HELLO = "你好"　　B．long population = 90000000L

C．final boolean ISMALE = false　　D．int salary = 5000

二、问答题

1．在 Java 编程语言中，标识符命名规范有哪些规则需要遵守？

2．如何理解单精度浮点型(float)与双精度浮点型(double)数据类型的区别？

3．如何理解字符型(char)与字符串型(String)数据类型的区别？

4．如何理解 Java 编程语言中常量与变量的区别？

第 6 章　数据运算与表达式

学习目标 ✍

◇　认识 Java 语言数据运算符

◇　了解 Java 语言位运算类型

◇　了解 Java 语言多元运算操作

◇　理解 Java 语言位运算实现原理

◇　掌握 Java 语言各类运算操作语法

本章将介绍 Java 编程语言的运算操作及相关语法，论述编程语言的各种类型运算操作及相关实现，着重讲解算术、关系、逻辑、位运算、多元运算、赋值运算等，同时讲解相关运算中的表达式语法，最后讲解各类型运算在实际案例开发中的应用。

6.1　数　据　运　算

数据运算是指在应用程序中，各种不同的数据为实现某个模块或业务功能，共同参与程序运行的数据计算过程。

在 Java 编程语言中，运算操作的种类非常丰富，也非常灵活，可以满足不同业务场景下的各种编程需求。常见的运算类型有：位运算、算术运算、关系运算、连接运算、条件运算、多元运算、赋值运算等。

实际上，应用程序的工作过程就是对各种数据的运算过程，在运算过程中需要数据的参与，参与程序运行的数据即运算操作的数据项。

在程序设计过程中，数据项与运算操作方式的组合构成了一种运算方式，同时数据项与运算符的结合形成了运算表达式。一个运算表达式中可能包含多种类型的数据运算，也可能只有一种类型的数据运算，无论参与表达式中运算的类型有多少种，最终的数据运算结果只是某一种类型的数据值。

表达式举例(假设有整型变量 a 与整型变量 b)：

a+b	//算术表达式
a-6	//算术表达式
(a-10)*2	//算术表达式
(a-b)*a	//算术表达式
(a>b)	//关系表达式

((a-b)>b)	//关系表达式
(true&&false)	//逻辑表达式
((3<5)||(10>11))	//逻辑表达式
(18|5)	//位运算表达式
(100&25)	//位运算表达式

6.2　算 术 运 算

算术运算是 Java 编程语言众多运算的一种基础运算类型，其本质上是数学上各种运算的实现。总体来说，算术运算可分为加法运算、减法运算、乘法运算、除法运算、求模运算、自增运算、自减运算等类型。

在数学上，相信每一个人对加法、减法、乘法、除法运算都非常熟悉，而在程序设计语言中，它的运算规则也是一样的。

求模运算也叫取余数运算，是指在一个除法运算中，整除后的余数。例如，20 除以 9 之后的余数 2 即为运算后的模。

自增、自减运算就是变量单元中所存储的数据值自动增加 1 或减少 1，它是一种只需要 1 个操作数项就可以完成的运算。

多元运算是指在运算过程中需要多个数据项参与的运算。只需要一个数据项参与的运算称为一元运算，需要两个数据项参与的运算称为二元运算(也称双元运算)，需要三个及以上数据项参与的运算称为多元运算。一般来说，大部运算都是双元运算。

各种算术运算符的语法规则说明如下：

(1) 加法运算符"+"：双元运算符。

运算符应用：10 + 5。

(2) 减法运算符"−"：双元运算符。

运算符应用：20 − 15。

(3) 乘法运算符"*"：双元运算符。

运算符应用：8*4。

(4) 除法运算符"/"：双元运算符。

运算符应用：18/6。

(5) 求模运算符"%"：双元运算符。

运算符应用：15%6。

(6) 自增运算符"++"：一元运算符。

运算符应用：整型变量 n++。

(7) 自减运算符"−−"：一元运算符。

运算符应用：整型变量 m−−。

需特别注意，在自增、自减运算中，"++""−−"符号既可以放在变量的后面，也可以放在变量的前面，但其所起的作用与含义是不同的。

例如，有整型变量 a，其初始值为 10，即 int a = 10，则下列表达式的运算结果将不相同。

(1) 表达式(a++)+5 运算分析：

① 自增符号在后面表示变量先参与表达式运算后再自身增加 1；

② 运算后，变量 a 的值变成 11；

③ (a++)+5 的运算结果为 15。

(2) 表达式(++a)+5 运算分析：

① 自增符号在前面表示变量先自身增加 1 后再参与表达式运算；

② 运算后，变量 a 的值变成 11；

③ (++a)+5 的运算结果为 16。

【案例 6-1】 数学算术运算。

在应用程序中利用 MathRun 类演示加、减、乘、除、求模运算，代码如下：

```java
package com.expre.math;

public class MathRun {
    public static void main(String[] args) {
        int m = 20;
        int n = 5;
        int p = 3;

        int sum = m + n + p;                //相加运算
        int minus = m - n- p;               //相减运算
        int mult = m*n*p;                   //相乘运算
        int div = m/n;                      //相除运算
        int mod = m%p;                      //取模运算

        System.out.println("m+n+p="+sum);   //输出和
        System.out.println("m-n-p="+minus); //输出差
        System.out.println("m*n*p="+mult);  //输出积
        System.out.println("m/n="+div);     //输出商
        System.out.println("m%n="+mod);     //输出模
    }
}
```

本案例中定义了三个整型变量 m=20、n=5、p=3，然后对三个变量进行求和(m+n+p)、求差(m − n − p)、求积(m*n*p)、求商(m/n)、求模(m%n)运算，最后在控制台打印输出各种运算结果，如图 6-1 所示。

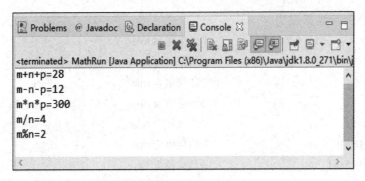

图 6-1 运算结果

6.3 关系运算

关系运算是操作数据项之间大小比较的运算。数据项之间共有六种运算关系，分别是：大于、大于或等于、小于、小于或等于、等于、不等于。关系运算的结果为布尔值(true、false)。

关系运算符的语法规则说明如下：

(1) 大于运算符 ">"：双元运算符。

运算符应用：25>20。

(2) 大于或等于运算符 ">="：双元运算符。

运算符应用：280>=100。

(3) 小于运算符 "<"：双元运算符。

运算符应用：30<70。

(4) 小于或等于运算符 "<="：双元运算符。

运算符应用：50<=80。

(5) 等于运算符 "=="：双元运算符。

运算符应用：(20−2)==(10+8)。

(6) 不等于运算符 "!="：双元运算符。

运算符应用：(50−5)!=(40+25)。

在关系运算中，还有一种特殊的关系运算形式——三元关系运算，也称为条件运算。在该运算中需要三个操作数参与，其运算格式如下：

三元关系运算格式：表达式 1？表达式 2：表达式 3

整个三元表达式的运算值根据表达式 1 值的变化而改变，故称为条件运算。当表达式 1 的结果值为 true 时，则把表达式 2 的值作为整个三元运算的结果值；反过来，当表达式 1 的结果值为 false 时，则把表达式 3 的值作为整个三元运算的结果值。

比如，在三元运算(3<5)?10:20 表达式中，因为(3<5)的结果值为 true，所以整个三元运算表达式(3<5)?10:20 的最终运算结果值为 10。

同样在三元运算(10<8)?"YES":"NO"表达式中，因为(10<8)的结果值为 false，所以整个三元运算表达式(10<8)?"YES":"NO"的最终运算结果值为"NO"。

关系运算举例及运算说明：

10>5	//结果值为 true
6>=15	//结果值为 false
(3+12)>=15	//结果值为 true
12<20	//结果值为 true
19<=(8+5)	//结果值为 false
15<=(10+5)	//结果值为 true
(10-3)==(5+4)	//结果值为 false
(18+8)!=(20+5)	//结果值为 true
10!=(6+4)	//结果值为 false
((10-5)>(8-2))?true:false	//结果值为 false

【案例 6-2】 关系运算。

在应用程序中利用 RelationRun 类演示大于、小于、不等于等关系运算，代码如下：

```java
package com.expre.math;

public class RelationRun {

    public static void main(String[] args) {

        System.out.print("180>155 的运算结果值为：");
        System.out.println( 180>155 );

        System.out.print("(10+5)>=16 的运算结果值为：");
        System.out.println( (10+5)>=16 );

        System.out.print("(10+5)>=15 的运算结果值为：");
        System.out.println( (10+5)>=15 );

        System.out.print("(10+5)>=14 的运算结果值为：");
        System.out.println( (10+5)>=14 );

        System.out.print("(30+5)<46 的运算结果值为：");
        System.out.println( (30+5)<46 );

        System.out.print("(40+50)<=(80+20)的运算结果值为：");
        System.out.println( (40+50)<=(80+20) );

        System.out.print("(70+5)<=(65+10)的运算结果值为：");
        System.out.println( (70+5)<=(65+10) );
```

```
System.out.print("(50+5)!=48 的运算结果值为：");
System.out.println( (50+5)!=48 );

System.out.print("(100+10)==(150-40)的运算结果值为：");
System.out.println( (100+10)==(150-40) );

System.out.print("(87+10)==(100-5)的运算结果值为：");
System.out.println( (87+10)==(100-5) );

System.out.print("12>(9-5)?true:false 的运算结果值为：");
System.out.println( 12>(9-5)?true:false );

        }
    }
```

本案例中声明并执行了各种关系运算表达式，相关结果输出如图 6-2 所示。

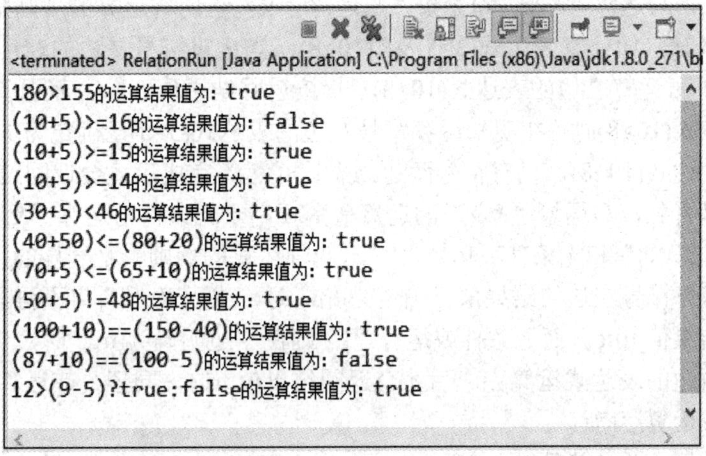

图 6-2　关系运算结果

6.4　逻辑运算

逻辑运算即操作数 true 与 false 之间的运算，也叫布尔运算。其运算类型有六种，分别是：与运算、或运算、非运算、异或运算、无条件与运算、无条件或运算。

各种逻辑运算类型的规则说明如下：

(1) 与运算。

运算规则：两个操作数同时为 true 时，其结果值为 true，否则为 false。

运算符号：“&&”。

(2) 或运算。

运算规则：两个操作数任意一个为 true 时，其结果值为 true，否则为 false。

运算符号："||"。

(3) 非运算。

运算规则：取反操作，为 true 时进行非运算则变为 false，为 false 时进行非运算则变为 true。

运算符号："!"。

(4) 异或运算。

运算规则：两个操作数一个为 true，另一个为 false 时，其结果值为 true，否则为 false。

运算符号："∧"。

(5) 无条件与运算。

运算规则：两个操作数同时为 true 时，其结果值为 true，否则为 false。

运算符号："&"。

(6) 无条件或运算。

运算规则：两个操作数任意一个为 true 时，其结果值为 true，否则为 false。

运算符号："|"。

需特别注意，与运算 "&&" 和无条件与运算 "&" 这两种运算的规则是一样的，但在进行表达式运算时，如计算表达式(3>5)&&(10>8)，当运算符号左边的表达式(3>5)已确定为 false 时，将不再运算右边的表达式(10>8)，直接返回结果值 false；而无条件与运算 "&" 在计算表达(3>5)&(10>8)时，在明知运算符号左边的表达式(3>5)已确定为 false 时，仍会继续运算右边的表达式(10>8)，只有符号两边的表达式运算完成后才会返回结果值 false。从这里很明显可以看到，与运算 "&&" 的运算效率要高于无条件与运算 "&"。

同样，或运算 "||" 和无条件或运算 "|" 这两种运算的规则也是一样的，但在进行表达式运算时，当运算符号左边的结果值已确定为 true 时，或运算 "||" 将不再计算右边的表达式，直接返回结果值 true；而无条件或运算 "|" 则在左边明确为 true 时，仍然会计算右边表达式，符号两边的表达式运算完成后才会返回结果值 true。同理，或运算 "||" 的运算效率高于无条件或运算 "|"。

逻辑运算举例及相关说明：

```
false||true                //运算结果值为 true
false|false                //运算结果值为 false
true&&true                 //运算结果值为 true
false&true                 //运算结果值为 false
true^false                 //运算结果值为 true
!false                     //运算结果值为 true
(3>5)&&(10<13)             //运算结果值为 false
((8+3)>20)&((25-12)<12)    //运算结果值为 false
(15>20)||(8<13)            //运算结果值为 false
(22<10)|(9>15)             //运算结果值为 true
```

```
(10>(5+8))^(8<(9-3))              //运算结果值为 true
!((22+3)<(30-7))                  //运算结果值为 true
```

【案例 6-3】 逻辑运算。

在应用程序中利用 BooleanRun 类演示与、或、非、异或、无条件与、无条件或等运算，代码如下：

```java
package com.expre.math;


public class BooleanRun {
    public static void main(String[] args) {

        System.out.print("true&&false 的运算结果值为：");
        System.out.println( true&&false );

        System.out.print("false|true 的运算结果值为：");
        System.out.println( false|true );

        System.out.print("true^true 的运算结果值为：");
        System.out.println( true^true );

        System.out.print("!false 的运算结果值为：");
        System.out.println( !false );

        System.out.print("(30>40)&(46<50) 的运算结果值为：");
        System.out.println( (30>40)&(46<50) );

        System.out.print("(44<52)||(70>20) 的运算结果值为：");
        System.out.println( (44<52)||(70>20) );

        System.out.print("(70>50)|(90>60) 的运算结果值为：");
        System.out.println( (70>50)|(90>60) );

        System.out.print("(70>85)^(65<10) 的运算结果值为：");
        System.out.println( (70>85)^(65<10) );

        System.out.print("!((30+2)>47) 的运算结果值为：");
        System.out.println( !((30+2)>47) );

        System.out.print("(18<10)&&(10<5) 的运算结果值为：");
```

```
        System.out.println( (18<10)&&(10<5) );
    }
}
```

本案例中执行了各种逻辑运算表达式，相关结果输出如图 6-3 所示。

```
■ ✖ ✕ | ▤ ▤ ▥ ▣ ▣ | ▥ ▣ ▾ | ▢ ▾
<terminated> BooleanRun [Java Application] C:\Program Files (x86)\Java\jdk1.8.0_271\b
true&&false 的运算结果值为: false
false|true 的运算结果值为: true
true^true 的运算结果值为: false
!false 的运算结果值为: true
(30>40)&(46<50) 的运算结果值为: false
(44<52)||(70>20) 的运算结果值为: true
(70>50)|(90>60) 的运算结果值为: true
(70>85)^(65<10) 的运算结果值为: false
!((30+2)>47) 的运算结果值为: true
(18<10)&&(10<5) 的运算结果值为: false
```

图 6-3　逻辑运算结果

6.5　位　运　算

位运算是一种二进制运算方式。在二进制的计数方式中只有 0 和 1 两种数字，即逢 2 进 1，而我们日常生活中接触的数字是十进制的计数方式，为逢 10 进 1。在程序设计中对十进制数字的位运算，全部都先转化为二进制数字，然后再进行相关操作数的位运算。

位运算只适用于八大基本数据类型中的整数值，对其他数据类型，如浮点型、字符型、布尔型则是无效的。位运算包含六种运算类型，分别是：按位与、按位或、按位取反、按位异或、左移位、右移位。

1. 按位与

按位与的运算符是"&"。当两个操作数都为 1 时，按位与运算的结果才是 1，否则运算结果为 0。

如图 6-4 所示，对"0101 1010"和"0001 0110"两个二进制操作数进行按位与运算，在纵列上只有两个操作数均为 1 时，这一列的运算结果值才为 1，否则列的运算结果值为 0，最终得到位运算的结果值为"0001 0010"。

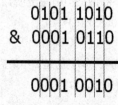

图 6-4　按位与运算

2. 按位或

按位或的运算符号是"|"。参与按位或运算的两个操作数中，任意一个为 1 时，运算结果才为 1，否则运算结果为 0。

如图 6-5 所示，对"0010 0101"和"0100 0100"两个二进制操作数进行按位或运算，在纵列上只要两个操作数中任意一个为 1 时，这一列的运算结果值就为 1，否则列的运算结果值为 0，最终得到位运算的结果值为"0110 0101"。

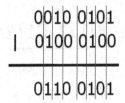

图 6-5　按位或运算

3. 按位取反

按位取反的运算符号是"~"。按位取反操作是一元运算，只需要一个操作数即可运算。对二进制操作数中的每一位取反，即把 1 变成 0，0 变成 1。

如图 6-6 所示，对二进制操作数"1010 0110"进行按位取反运算，在纵列上把 1 变成 0，0 变成 1，最终得到位运算的结果值为"0101 1001"。

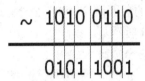

图 6-6　按位取反运算

4. 按位异或

按位或的运算符号是"^"。参与按位异或运算的两个操作数若相同(同为 0 或同为 1)，则运算结果为 0，否则运算结果为 1。

如图 6-7 所示，对"1001 1011"和"0010 0101"两个二进制操作数进行按位异或运算，在纵列上当两个操作数同时为 1 或同时为 0 时，则这一列的运算结果值就为 0，否则该列的运算结果值为 1，最终得到位运算的结果值为"1011 1110"。

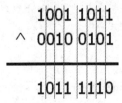

图 6-7　按位异或运算

5. 左移位

左移位的运算符号是"<<"，为一元运算操作。其运算规则是将参与运算的二进制数向

左边移动 n 位，高位将舍弃，低位将补零。左移位能实现乘以 2 的 n 次方的快速运算，一般来说，左移一位相当于原操作数乘以 2，左移 n 位相当于原操作数乘以 n 次 2，即乘以 2^n。

表达式 "0001 1101<<2" 表示将二进制操作数 "0001 1101" 向左移动 2 位，移动后前面高位的两个零 "00" 将舍弃，然后在低位的最后面补上两个零 "00"，最后得到的二进制数 "0111 0100" 即为左移位运算的结果，如图 6-8 所示。

图 6-8　左移位运算

6. 右移位

右移位的运算符号是 ">>"，为一元运算操作。其运算规则是将参与运算的二进制数向右边移动 n 位，高位将填充原数值中的最高位值，低位将舍弃。右移位能实现除以 2 的 n 次方的快速运算，一般来说，右移一位相当于原操作数除以 2，右移 n 位相当于原操作数与 n 次 2 相除，即除以 2^n。

表达式 "1001 0100>>2" 表示将二进制操作数 "1001 0100" 向右移动 2 位，移动后前面高位补上两个 "11"，然后将低位的后面两个 "00" 舍弃，最后得到的二进制数 "1110 0101" 即为右移位运算的结果，如图 6-9 所示。

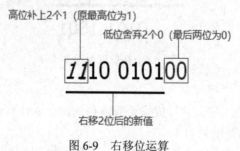

图 6-9　右移位运算

【案例 6-4】 位运算。

在应用程序中利用 BitRun 类演示按位与、按位或、按位取反、按位异或、左移位、右移位等运算，代码如下：

```
package com.expre.math;

public class BitRun {
    public static void main(String[] args) {

        System.out.print("150&45 的按位与运算结果值为：");
        System.out.println( 150&45 );
```

```
System.out.print("150|45 的按位或运算结果值为：");
System.out.println( 150|45 );

System.out.print("150^45 的按位异或运算结果值为：");
System.out.println( 150^45 );

System.out.print("~45 的按位取反运算结果值为：");
System.out.println( ~45 );

System.out.print("16<<2 的左移 2 位运算结果值为：");
System.out.println( 16<<2 );

System.out.print("16>>3 的右移 3 位运算结果值为：");
System.out.println( 16>>3 );

        }
    }
```

本案例中执行了若干种位运算操作：按位与(150&45)、按位或(150|45)、按位异或
(150^45)、按位取反(~45)、左移 2 位(16<<2)、右移 3 位(16>>3)，相关结果输出如图 6-10
所示。

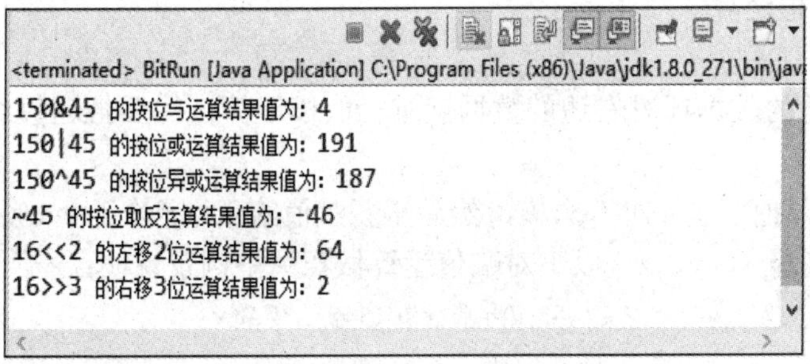

图 6-10　位运算结果

6.6　赋　值　运　算

赋值运算是将一个变量、常量、表达式运算值赋给另外一个程序变量或常量的运算操
作。赋值运算符是"="，其运算规则是将符号"="右边的数据项值赋给左边的数据项。

如有变量 m、n、p，则 m=10 是一个赋值运算，表示将常量值 10 赋给变量 m；同样表
达式 m=n-5 和 p=n+8 也是赋值运算，表示把 n-5 的运算值赋给变量 m，把 n+8 的运算值
赋给变量 p。

除简单赋值运算外还有复合赋值运算，复合赋值运算中将同时具有算术运算与赋值运算两者的功能。复合赋值运算中有五大类型，即加复合运算、减复合运算、乘复合运算、除复合运算、模复合运算。

复合赋值运算语法规则说明如下：

(1) 加复合赋值运算。

符号："+="。

规则：把左边的数据项与右边的数据项相加，然后把运算结果值赋给左边的数据项。

举例：a += 5，把变量 a 与 5 相加，然后重新赋值给 a，等价于 a = a + 5。

(2) 减复合赋值运算。

符号：" − ="。

规则：把左边的数据项与右边的数据项相减，然后把运算结果值赋给左边的数据项。

举例：b −= 5，把变量 b 与 5 相减，然后重新赋值给 b，等价于 b = b − 5。

(3) 乘复合赋值运算。

符号："*="。

规则：把左边的数据项与右边的数据项相乘，然后把运算结果值赋给左边的数据项。

举例：c*=5，把变量 c 与 5 相加，然后重新赋值给 c，等价于 c=c*5。

(4) 除复合赋值运算。

符号："/="。

规则：把左边的数据项与右边的数据项相除，然后把运算结果值赋给左边的数据项。

举例：d/=5，把变量 d 与 5 相除，然后重新赋值给 d，等价于 d = d/5。

(5) 模复合赋值运算。

符号："%="。

规则：把左边的数据项对右边的数据项进行取模运算，然后把运算结果值赋给左边的数据项。

举例：e%=5，把变量 e 对 5 求模，然后重新赋值给 e，等价于 e=e%5。

假设有整型变量 x、y、z，以下对赋值运算做相关举例及说明：

```
x = 15                   //将常量值 15 赋给变量 x
x = y+5                  //把 y+5 的值赋给变量 x
x = y*z                  //等价于 x=x+y
x += y                   //等价于 x=x+y
x -= y                   //等价于 x=x-y
x *= (y+z)               //等价于 x=x*(y+z)
x /= (y-z)               //等价于 x=x/(y-z)
x %= y                   //等价于 x=x%y
```

【案例 6-5】 赋值运算。

在应用程序中利用 GiveRun 类演示一般赋值运算及各种复合赋值运算，代码如下：

```
package com.expre.math;
```

```java
public class GiveRun {
    public static void main(String[] args) {
        /*定义六个变量 a、b、c、d、e、f、g
        初始值分别为 40、20、10、3、5、8、6*/
        int a = 40;
        int b = 20;
        int c = 10;
        int d = 3;
        int e = 5;
        int f = 8;
        int g = 6;

        //定义四个变量 n1、n2、n3、n4，其初始值均为 0
        int n1 = 0;
        int n2 = 0;
        int n3 = 0;
        int n4 = 0;

        n1 = a+b+c;
        System.out.println("赋值运算后  n1="+n1);
        n2 = b*c;
        System.out.println("赋值运算后  n2="+n2);
        n3 = a*b+d;
        System.out.println("赋值运算后  n3="+n3);
        n4 = a*b*c*d;
        System.out.println("赋值运算后  n4="+n4);
        a = n1+n4;
        System.out.println("重新赋值后  a="+a);
        b = n2 + n3;
        System.out.println("重新赋值后  b="+b);
        c -= 5;
        System.out.println("复合赋值后  c="+c);
        d += 5;
        System.out.println("复合赋值后  d="+d);
        e *= (5+6);
        System.out.println("复合赋值后  e="+e);
        f /= (3-1);
        System.out.println("复合赋值后  f="+f);
```

```
            g %= (5-2);
            System.out.println("复合赋值后  g="+g);
        }
    }
```

本案例中定义了变量 a、b、c、d、e、f、g、n1、n2、n3、n4，并赋予了初始值，在应用代码中对以上变量进行了简单赋值运算与复合赋值运算，相关运算结果输出如图 6-11 所示。

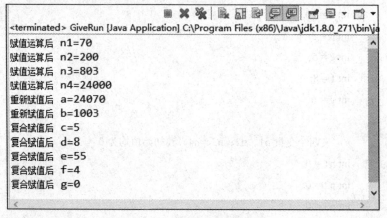

图 6-11　赋值运算结果

6.7　类型转换及运算符优先级

类型转换与运算符优先级是程序运算的基本操作，在 Java 编程语言中，类型转换关系着表达式最终的结果值类型，运算符优先级则直关系着表达式运算的结果值是否准确。

6.7.1　类型转换

类型转换是指程序设计过程中，数据项的类型需要从一种形式转换为其他形式的数据类型。

在程序运算的表达式中有多种不同的数据类型，但最终表达式结果值的类型只能是唯一的，所以在多种类型的数据进行共同运算时，需要对数据项做类型转换处理。

数据类型转换有两种方式：自动类型转换与强制类型转换。这两种方式的功能作用是相同的，但实现方式不同。

1. 自动类型转换

自动类型转换是指在程序运算过程中，数据类型能实现自动变换，不需要程序开发人员手动编码处理。在四种基本数据类型中(byte、short、int、long、float、double)，低位的数据类型可以自动转为高位的数据类型。

自动类型转换规则说明如下：

(1) byte 类型自动转换为 short、int、long、float、double 类型。

(2) short 类型自动转换为 int、long、float、double 类型。

(3) int 类型自动转换为 long、float、double 类型。

(4) long 类型自动转换为 float、double 类型。

(5) float 类型自动转换为 double 类型。

在自动类型转换中，long 为 64 位的数据类型，float 为 32 位的数据类型，但 float 是浮点型，能存储非整型的实型数据。在编程环境中，认为 float 类型数据的范围比 long 类型更大，故 long 类型会自动转换为 float 类型。

以下通过具体的表达式运算来对自动类型转换进行说明分析。假设现有变量 byte a、int b、long c、float f、double d，以上变量在程序运算中有如下类型转换：

  a=b   //类型转换错误

  /*int 型变量 b 不能直接赋值给 byte 型变量 a，高位变量不会自动转换成低位变量*/

  b=a+c   //类型转换错误

  /*byte 型变量 a 与 long 型变量 c 进行混合运算，低位变量会自动转换成高位变量，即 byte 型变量自动转换成 long 型变量，最终 a+c 的运算结果将得到一个 long 型数值，long 型高位数据不能直接赋值给 int 型低位变量*/

  b=d/f   //类型转换错误

  /*double 型变量 d 与 float 型变量 f 进行混合运算，低位变量会自动转换成高位变量，即 float 型变量自动转换成 double 型变量，最终 d/f 的运算结果将得到一个 double 型数值，double 型高位数据不能直接赋值给 int 型低位变量*/

  d=18/5   //类型转换正确，但结果值不是 3.6

  /*常量值 18 与 5 默认是 int 型数据，算术表达式 18/5 运算后将得到一个 int 型数据，但是 int 型数据无法存储小数部分，因而表达式 18/5 运算后得到 int 型数值 3，最后当常量值 3 赋值给 double 型变量 d 时，将自动转化为 double 型数值 3.0，即为最终结果值*/

2. 强制类型转换

自动类型转换是指程序运算过程中，根据实际运算需要，数据类型需要手动变换。在编码开发过程中，需要显式使用类型转换语句。在四种基本数据类型中(byte、short、int、long、float、double)，当高位的数据类型要转换成为低位的数据类型时，需要进行强制类型转换。

转换格式如下：

  (目标数据类型) 待转换数据项

即在待转换操作数前面加上一对英文状态下的小括号，小括号中声明要转换成的数据类型。比如，(byte)120L 表示把 long 类型的数据值 120L 强制转换成 byte 类型，转换后的表达式数值就是一个 byte 类型的数据项，而不再是 long 类型。

以下通过具体的表达式运算来对强制类型转换进行说明分析。假设现有变量 byte b、short s、int i、long g，以上变量在程序运算中有如下类型转换：

  i=b+g   //类型转换错误

   byte 型变量 b 与 long 型变量 g 进行混合运算后，得到的运算数据值自动转换为 long 类型，而 long 类型数据项不能直接赋值给低位 int 型变量 i，因而在赋值前要强制转换为 int 类型，正确的表达式为 i=(int)(b+g)*/

s=10.89   //类型转换错误

/*常量值 10.89 默认为 double 类型，变量 s 为 short 类型，高位 double 型数据项转换为低位 short 型数据项需要强制类型转换，正确的表达式为 s=(short)10.89，因 short 类型只能存储整数部分，小数部分直接舍弃，所以强制类型转换后变量 s 的值为 10*/

i=17/5+8.6   //类型转换错误

/*常量值 17 与 5 默认为 int 类型，进行除法运算后将得到一个 int 类型的数据值 3(小数部分被舍弃)，int 类型的数据值 3 与 double 类型常量值 8.6 相加，最终得到一个 double 类型数据值 11.6，而 double 类型数据项不能直接赋值给 int 类型数据项，需要强制类型转换，因而正确的表达式为 i=(int)(17/5+8.6)，最终运算后 int 型变量 i 的值为 11*/

【案例 6-6】 数据类型转换。

在应用程序中利用 TypeChange 类演示如何在表达式运算中进行自动类型转换及强制类型转换，代码如下：

```
package com.expre.math;

public class TypeChange {
    public static void main(String[] args) {
        // 变量声明
        byte b1 = 10;
        int i1 = 20;
        float f1 = 20.53f;

        // 以下操作为自动类型转换
        short s1 = b1;
        System.out.println("自动类型转换后  s1=" + s1);

        long l1 = i1;
        System.out.println("自动类型转换后  l1=" + l1);

        double d1 = b1;
        System.out.println("自动类型转换后  d1=" + d1);

        // 以下操作为强制类型转换
        byte b2 = (byte) 10.38f;
        System.out.println("强制类型转换后  b2=" + b2);

        short s2 = (short) 85L;
        System.out.println("强制类型转换后  s2=" + s2);

        int i2 = (int) (18 / 4 + 2.1);
```

```
        System.out.println("强制类型转换后  i2=" + i2);

        float f2 = (float) (150 + 208.34);
        System.out.println("强制类型转换后  f2=" + f2);
    }
}
```

本案例中定义了各种类型的数据变量，不同类型的变量在相关运算中需要进行类型转换，上述代码中包含了自动类型转换操作及强制类型转换操作，相关运算结果输出如图 6-12 所示。

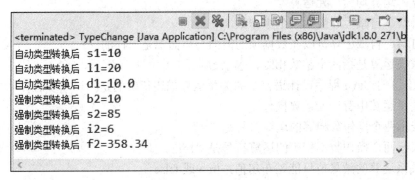

图 6-12　类型转换结果

6.7.2　运算符优先级

运算符优先级是指在多操作数、多运算类型的混合运算中，各个运算符在表达式中执行的运算顺序，即先执行哪个运算符，后执行哪个运算符的顺序关系。

运算符在表达中执行的先后顺序将直接影响表达式最终的运算结果，因此其对应用程序的运行至关重要。

例如，表达式“10+3|5+2”进行按位或运算和加法运算，根据哪个运算在先哪个运算在后的顺序的不同，表达式的结果值完全不同。如果先执行按位或运算，则表达式最终的结果值为 19；而如果先执行两边的加法运算，则表达式最终的结果值为 15。

一般来说，在程序设计中，如果表达式中运算符的优先顺序不明显，则最合适的处理办法是在表达式中添加优先级最高的运算符小括号“()”。为表达式添加小括号后，就能非常清晰地分辨出表达式中运算操作的先后顺序了。比如，添加了小括号的表达式“(10+3)|(5+2)”，就可以很清楚的知道是先执行加法运算，然后再执行按位或运算。

运算符优先顺序规则说明如下：

(1) 小括号“()”的优先级最高；

(2) 算术运算操作的优先级排第二；

(3) 关系运算操作的优先级排第三；

(4) 位运算操作的优先级排第四；

(5) 逻辑运算操作的优先级排第五；

(6) 赋值运算操作的优先级最低。

习 题 6

一、选择题

1. Java 程序设计语言中的数据运算种类有(　　)[多选]。

A. 算术运算　　　B. 逻辑运算　　　C. 位运算　　　D. 关系运算

2. 以下关于 Java 程序设计语言中的算术运算描述正确的是(　　)[单选]。

A. 算术运算均为二元运算

B. 自增、自减运算需要两个操作数

C. 自增、自减运算符放在数据项的前面与后面都是一样的

D. 求模运算是指两个整数相除，求余数

3. 以下关于 Java 程序设计语言中的关系运算描述正确的是(　　)[多选]。

A. 关系运算中有一元运算操作

B. 表示两个操作数相等的运算符号是"="

C. 表示两个操作数不相等的运算符号是"!="

D. 关系运算的结果值只能是布尔值：true 或 false

4. 以下关于 Java 程序设计语言中的算术运算描述正确的是(　　)[单选]。

A. 算术运算均为二元运算

B. 自增、自减运算需要两个操作数

C. 自增、自减运算符放在数据项的前面与后面都是一样的

D. 求模运算是指两个整数相除，求余数

5. 以下关于三元条件运算描述正确的是(　　)[多选]。

A. 三元运算需要三个数据项参与运算

B. 三元运算的格式：表达式 1?表达式 2:表达式 3

C. 当三元运算中表达式 1 的值为 false 时返回表达式 2 的结果值

D. 为三元运算中表达式 1 的值为 true 时返回表达式 3 的结果值

6. 以下关于 Java 程序设计语言中的逻辑运算描述正确的是(　　)[多选]。

A. 逻辑运算的种类共有六种：与、或、非、异或、无条件与、无条件或

B. 非运算"!"进行取反操作，即 true 进行非运算后变为 false，false 进行非运算后变为 true

C. 无条件与运算"&"，当左边的值为 false 时直接返回 false，不再运算右边的表达式

D. 或运算"||"，当符号两边操作数中的任意一个为 true 时，结果值为 true，否则为 false

7. 以下关于 Java 程序设计语言中的位运算描述正确的是(　　)[多选]。

A. 位运算包含六种运算类型：按位与、按位或、按位取反、异或、左移位、右移位

B. 按位与运算，当两个操作数都为 1 时，运算结果才是 1，否则运算结果为 0

C. 按位取反运算是二元运算，需要两个操作数才可以完成运算

D. 在移位运算中，一般来说，右移一位相当于原操作数乘以 2

8．以下关于赋值运算与运算符号优先级的描述正确的是(　　)[多选]。

A．赋值运算符是"="

B．赋值运算是将运算符号右边的数据项值赋给左边的数据项

C．在表达式运算中，小括号的优先级最高

D．在表达式运算中，赋值运算操作的优先级最低

二、问答题

1．如何理解自增"++"、自减"－－"运算符号在操作数前后的区别？

2．如何理解移位运算中，左移位与右移位的实际意义？

3．如何理解数据类型的自动转换与强制转换？

4．如何理解数据运算符的优先级顺序？

第 7 章 程序流程控制结构

学习目标

✧ 认识程序流程控制结构的分类
✧ 了解流程控制语句中的关键字使用
✧ 理解选择结构与循环结构流程实现原理
✧ 掌握流程控制结构的相关语法及使用

本章将介绍 Java 编程语言的程序流程控制结构，在论述流程控制分类的同时着重讲解选择结构与循环结构的实现原理，以及在程序设计中如何根据实际场景选择合适的流程控制结构来满足业务需求，最后讲解每种控制结构的语法实现及其在编码中的应用。

7.1 认识流程控制结构

应用程序是为处理解决某一类实际问题而产生的，处理实际问题的过程需要依赖应用程序中的语句代码。

一般而言，在应用程序中语句代码的执行顺序按照其在类文件编码中的位置顺序来决定，即在前面的先执行，在后面的后执行，这就是程序中代码语句执行的一种普遍方式，也是一种最基本的流程控制结构，称为顺序结构。

除顺序结构外，程序的流程控制结构还包括选择结构与循环结构。选择结构有别于顺序结构，将会根据程序输入实际数据选择执行不同的代码块，以满足不同的条件场景下不同的业务需求，其流程控制原理如图 7-1 所示。

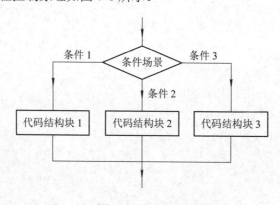

图 7-1 选择结构

循环结构按照程序场景条件，重复执行某一代码语句块，以达到多次执行同一业务动

作的需求，直到场景中的循环条件消失才退出重复执行的动作，其流程控制原理如图 7-2
所示。

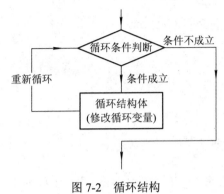

图 7-2　循环结构

顺序结构、选择结构、循环结构三者共同构成程序设计中的代码流程控制结构，能够
满足所有业务场景下对程序流程控制的各种需求。

7.2　选 择 结 构

选择结构也称之为条件选择分支结构，它是程序设计中非常普遍的一种流程控制结构，
其存在的目的是为不同的条件场景提供不同的编码实现。条件选择分支结构可进一步分为
if 条件结构与 switch 条件结构。

7.2.1　if 条件结构

if 条件结构是条件选择分支结构的一种类型，也是一种最常见、最普通的条件分支结
构。该类型选择分支结构的声明关键字是"if"，可进一步分为 if 语句、if…else 语句两种。

1. if 语句

if 语句的结构如下：

      结构关键字"if"＋(布尔表达式)

      结构开始符号"{"

            语句 1

            语句 2

              ⋮

            语句 n

      结构结束符号"}"

if 语句的结构语法说明如下：

(1) 关键字：if。

(2) 条件表达式：布尔值，只能是 true 或 false。

(3) 规则：条件值为 ture 时执行结构体，为 false 时跳过结构体。

关键字"if"后面需紧跟一个布尔表达式，表达式需放在小括号里面，作为分支结构的

条件表达式。当表达式的结果值为 true 时，则执行下方的代码结构体；当表达式的结果值为 false 时，则直接跳过下方的代码结构体。

if 语句结构示例如下：

```
int a = 10;
int b = 20;


//if 条件结构
if (a<b) {
    System.out.println("a<b");
}
```

本示例中，if 条件结构的条件表达式为"a<b"，当条件成立，即 a<b 的运算值为 true 时，则执行 if 结构体的语句，而当 a<b 的运算值为 false 时，则跳过 if 结构体的语句。

2. if…else 语句

if…else 语句的结构如下：

```
if(布尔表达式 1) {
    代码语句…
}
else if(布尔表达式 2) {
    代码语句…
}
        ⋮
else{
    代码语句…
}
```

if…else 语句结构语法说明如下：

(1) 关键字：if、else。

(2) 条件表达式：布尔值，只能是 true 或 false。

(3) 规则：条件表达式值为 ture 则执行对应的结构体。所有条件都不匹配，则执行 else 对应的结构体。

布尔表达式 1 的值为 true 时，执行 if 结构体代码，然后跳出条件选择结构。如果布尔表达式 1 的值为 false，则判断布尔表达式 2 的值，表达式 2 的值为 true，则执行 else if 结构体代码，然后跳出条件选择结构；如果布尔表达式 2 的值为 false，则继续向下判断其他 else if 布尔表达式的值。如果所有布尔表达式的值均为 false，则执行 else 对应的结构体语句。

需特别注意，在条件选择分支结构中可以有多个 else if 结构体，但最多只能执行一个选择分支结构体。另外，else 结构体是可选结构，编程时根据实际需要进行定义。

if…else 语句结构示例如下：

```
int m = 50;
```

```
        int n = 80;

        if (m>n) {
            System.out.println("m 大于 n");
        }
        else if(m<n) {
            System.out.println("m 小于 n");
        }
        else {
            System.out.println("m 等于 n");
        }
```

本示例中，if 条件结构的条件表达式为"m>n"，当表达式的运算值为 true 时，则执行 if 结构体的语句，输出"m 大于 n"，并跳出条件选择结构；若 m>n 的运算值为 false，则运算 else if 的条件表达式为"m<n"，当表达式的运算值为 true 时，则执行 else if 结构体的语句，输出"m 小于 n"，并跳出条件选择结构；若 else if 的条件表达式的运算值为 false，则直接执行 else 结构体的语句，输出"m 等于 n"。

【案例 7-1】　if…else 条件选择流程控制。

在应用程序中利用 IfDemo 类演示如何使用 if…else 条件语句进行流程控制，代码如下：

```java
package com.flow.condition;
import java.io.IOException;
public class IfDemo {
    public static void main(String[] args)
            throws IOException {
        System.out.println("请输入 0~9 之间的一个数字");

        //接收用户键盘输入
        char ch = (char)System.in.read();

        //char 型数据与空字符串作连接运算后，会变形 String 类型
        String str = ch+"";

        //把字符串转化为 int 类型数据
        int n = Integer.parseInt(str);

        //对 2 求余数，即判断是否为偶数
        int m = n%2;

        /*Else IF 条件选择分支结构
        当余数为 0 时，则认为输入是偶数
```

```
                当余数为 1 时，则认为输入是奇数*/
                if (m==0) {
                        System.out.println("你输入的是：偶数");
                }
                else if(m==1) {
                        System.out.println("你输入的是：奇数");
                }
                else {
                        System.out.println("你输入有错误");
                }
        }
    }
```

本案例从控制台接收 0~9 之间的字符数据输入，程序接收后经过解释转化为 int 类型数据，然后再通过取模来判断是偶数还是奇数，如果是偶数则通过 if 结构输出"你输入的是：偶数"如果是奇数则通过 else if 结构输出"你输入的是：奇数"，如果以上所有条件都不匹配，则输出"你输入有错误"，运行结果输出如图 7-3 所示。

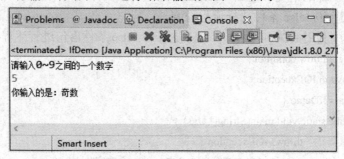

图 7-3 if 条件结构案例

7.2.2 switch 条件结构

switch 条件结构是条件选择分支结构的另一种类型，一般用在多选择分支结构中，可以实现条件值匹配分支结构，而非通过布尔值判定的分支结构。该类条件结构的声明关键字是"switch""case"。

switch 条件语句的结构如下：

```
    switch(条件变量) {
        case 分支值 1：语句 1      break
        case 分支值 2：语句 2      break
                    ⋮
        case 分支值 n：语句 n      break
        default：默认语句
    }
```

switch 条件语句的结构语法说明如下：

(1) 关键字：switch、case。

(2) 条件变量：byte、short、int、char。

(3) 分支规则：条件变量值与相应的分支值匹配后，执行对应分支的语句。default 分支为可选分支。

关键字 switch 后面需紧跟一个条件变量，关键字 case 后为条件分支值，条件变量值与哪个条件分支值匹配就执行那个分支的语句，如果条件变量值与所有分支值均不匹配，则执行 defalut 默认分支的语句。

条件变量的类型在 Java SE 5 之前只支持 32 位以下的基本数据类型，而 Java SE 5 之后增加了对枚举(enum)的支持，在 Java SE 7 之后增加了对字符串类型(String)的支持。

需特别注意，每个 case 分支的最后面必须有 break 语句，表示跳出条件选择分支结构，否则不会跳出分支结构，继续把后面其他的分支全部执行一遍。

switch 条件语句结构示例如下：

```
int degree = 2;
switch(degree) {
case 1:
    System.out.println("优秀");
    break;
case 2:
    System.out.println("良好");
    break;
case 3:
    System.out.println("合格");
    break;
default:
    System.out.println("输入错误");
}
```

本示例中，switch 条件结构中的条件变量为 degree 整型变量，整个结构包括 default 分支共有 4 个分支结构，从分支 1 到分支 3，每个分支分别输出：优秀、良好、合格三个等级。在代码中条件变量的值为 2，与第二个分支值相匹配，因而会输出"良好"。

【案例 7-2】 switch 条件选择语句流程控制。

在应用程序中利用 SwitchDemo 类演示如何使用 switch 条件进行流程选择控制，代码如下：

```
package com.flow.condition;
import java.io.IOException;
public class SwitchDemo {
    public static void main(String[] args) throws IOException {
        System.out.println("请输入 0~9 之间的一个数字");
        char ch = (char)System.in.read();
```

```java
switch (ch) {
case '0':
    System.out.println("律师");
    break;
case '1':
    System.out.println("警察");
    break;
case '2':
    System.out.println("军人");
    break;
case '3':
    System.out.println("医生");
    break;
case '4':
    System.out.println("护士");
    break;
case '5':
    System.out.println("记者");
    break;
case '6':
    System.out.println("司机");
    break;
case '7':
    System.out.println("教师");
    break;
case '8':
    System.out.println("商人");
    break;
case '9':
    System.out.println("工人");
    break;
default:
    System.out.println("输入错误");
    break;
    }
        }
    }
```

本案例在 switch 结构中定义了 11 种分支结构(包括 default 分支),每个分支对应输出一种职业类型,当控制台接收 0~9 之间的字符数据输入时,会匹配 switch 结构中对应的分支值，然后输出对应的职业类型，运行结果输出如图 7-4 所示。

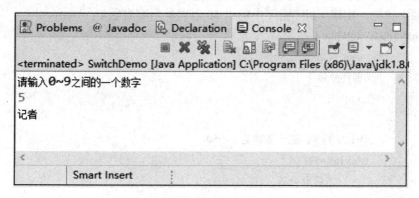

图 7-4　switch 条件结构案例

7.3　循　环　结　构

循环结构是为了解决重复性的业务动作而出现的一种流程控制结构。一般来说，在一个循环结构中包含：循环变量、循环条件、循环体三部分。循环结构可通过设定循环变量或其他方式改变循环条件，进而影响循环控制流程。循环结构可进一步分为 while 循环、do…while 循环以及 for 循环三种类型。

7.3.1　while 循环

while 循环是一种常见的循环语句，同时也是一种先判断循环条件，再执行循环体的循环结构，通过修改循环变量来控制循环执行的次数。

while 循环控制语句结构如下：

```
while(循环条件表达式) {
    语句 1
      ⋮
    语句 n
}
```

循环条件表达式为布尔表达式，其值只能是 true 或 false。在循环体外一般要定义循环变量，循环变量参与循环条件表达式的运算。

循环流程控制原理说明如下：

(1) 当循环条件表达式值为 false 时，跳过循环体的代码块，直接向下运行。

(2) 若循环条件表达式值为 true，则执行循环体的代码块，循环体代码块中包含修改循环变量值的语句。

(3) 循环体执行完毕后流程回到 while 循环的起始位置，重新判断循环条件表达式是否成立，若成立则继续再一次执行循环体。

(4) 循环体执行完毕后再一次回到循环的起始位置，并再一次判断循环条件表达式，若表达式值为 true 则继续执行下一次循环，若为 false 则跳过循环体，终止循环。

参看如下代码，实现 while 循环中输出 50 以内的所有奇数。

```java
public class MyWhile {
    public static void main(String[] args) {
        //循环变量
        int n = 1;

        //while 循环，循环条件为 n<=50
        while(n<=50) {
            //求模取余数
            int mod = n%2 ;
            //余数为 1 是奇数，则输出
            if (mod==1) {
                System.out.print(n+"\t");
            }

            //循环变量自增
            n++;
        }
    }
}
```

【案例 7-3】 while 语句循环控制。

在应用程序中利用 WhileDemo 类演示如何通过 while 循环控制语句实现连加或累加的功能，代码如下：

```java
package com.flow.condition;

public class WhileDemo {
    public static void main(String[] args) {
        //变量 sum 存储各数之和
        int sum = 0;
        //循环变量初始化
        int i = 1;
        //while 循环，循环条件：i<=200
        while(i<=200) {
            int m = i%2;
            //若为偶数则连加到 sum 变量中
            if (m==0) {
                //连加语句，等同于：sum=sum+i
                sum += i;
```

```
                }

                //循环变量自增
                i++;
            }

            System.out.println("1~200 以内偶数之和："+sum);
        }
    }
```

本案例通过 while 循环以及连加语句 sum+=i，实现了对 200 以内的所有偶数求和，并输出相关结果，如图 7-5 所示。

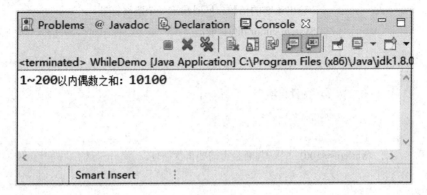

图 7-5　while 循环案例

7.3.2　do…while 循环

do…while 循环是一种类似 while 循环的循环结构，在其循环结构中也存在循环变量、循环条件等元素，通过修改循环变量来控制循环执行的次数。do…while 循环先执行循环体语句块再判断循环的条件，这是与 while 循环最大不同的地方。

do…while 语句的结构如下：

```
    do{
        语句 1
         ⋮
        语句 n
    }
    while(条件表达式)
```

循环条件表达式同样为布尔表达式，其值只能是 true 或 false，只是条件表达式的意义为是否需要再执行一次循环结构体的语句块。如果条件表达式的值为 true 则再次循环，如果为 false 则跳出循环。do…while 语句中循环体会被执行一次以上，这是它区别于其他循环结构的地方。

参看如下代码，使用 do…while 循环实现输出 100 以内所有是 3 的整数倍的自然数。

```java
public class DoWhileDemo {
    public static void main(String[] args) {
        //循环变量初始化
        int a = 1;

        //do…while 循环,先执行一次循环体
        do{
            //除以 3 求余数
            int b = a%3;
            //余数为 0 即为 3 的整数倍
            if (b==0) {
                //输出该 3 的倍数，同时输出一个跳格符号
                System.out.print(a+"\t");
            }

            //循环变量自增
            a++;
        }
        while(a<=100);        //判断是否需要再次循环
    }
}
```

【案例 7-4】 do…while 语句循环控制。

在应用程序中利用 DoWhileDemo 类演示如何通过 do…while 循环控制语句实现连加或累加的功能，代码如下：

```java
package com.flow.condition;
import java.io.InputStream;
import java.util.Scanner;

public class DoWhileDemo {
    public static void main(String[] args) {
        //从控制台接收键盘输入
        InputStream in = System.in;
        Scanner sc = new Scanner(in);
        System.out.println("请输入一个 1000 以内自然数，并按回车");

        //等待键盘输入，并直接转化为 int 类型
        int n = sc.nextInt();

        //变量 sum 存储各自然数之和
```

```
        int sum = 0;
        //循环变量初始化
        int i = 1;
        //do…while 循环，先执行一次循环体
        do{
                //n 以内自然数连加、累加，语句等同 sum=sum+i
                sum += i;
                //循环变量自增
                i++;
        }
        while(i<=n);              //判断是否需要再次循环

        //循环结束后，输出累加结果值
        System.out.println("1~"+n+"以内自然数之和："+sum);

        //关闭键盘输入流
        sc.close();
    }
}
```

本案例从控制台接收一个 1000 以内的自然数 n，通过 do…while 循环以及连加语句 sum+=i，实现了对 0 到该自然 n 之间的所有整数求和，并输出相关结果，如图 7-6 所示。

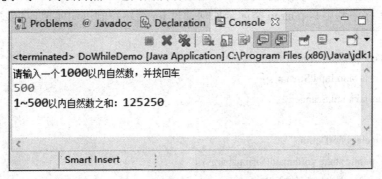

图 7-6　do…while 循环案例

7.3.3　for 循环

for 循环是一种使用频率最高、最灵活的循环语句，该结构的循环变量、循环条件等要素均在 for 语句的头部设置，自动修改循环变量，自动初始化赋值。自 Java SE 8 之后，为该循环语句添加了更多的实现方式。

for 语句的结构如下：

```
for(表达式 1;表达式 2;表达式 3)
{
```

```
        语句 1
          ⋮
        语句 n
    }
```

for 循环语句语法规则说明如下：

(1) 表达式 1 为循环变量声明及初始化语句表达式，该初始化语句在第一次循环前只执行一次，在后面的循环中将不再执行。

(2) 表达式 2 为循环条件表达式，每次循环前均会先执行此表达式以判断循环的条件是否成立，其为布尔表达式，结果值只能是 true 或 false。

(3) 表达式 3 为循环变量修改表达式，每次执行完循环体后均要执行此表达式。

(4) 各个表达式之间必须用英文状态下的分号分隔，代表不同的代码语句。

下面是 for 循环语句结构示例，本示例中使用 for 循环实现从大到小输出 99 以内的所有是 7 的整数倍的自然数。其中，循环变量声明表达式 "int i=99"，循环条件判断表达式 "i>0"，循环变量修改表达式 "i--"。

```java
for (int i=99;i>0;i--) {
    int mod = i%7;
    if (mod==0) {
        System.out.print(i+"\t");
    }
}
```

【案例 7-5】 for 语句循环控制。

在应用程序中利用 ForDemo 类演示如何通过 for 循环控制语句实现连乘或累乘的功能，代码如下：

```java
package com.flow.condition;
import java.io.InputStream;
import java.util.Scanner;

public class ForDemo {
    public static void main(String[] args) {
        //从控制台接收键盘输入
        InputStream in = System.in;
        Scanner sc = new Scanner(in);
        System.out.println("请输入一个 15 以内自然数，并按回车");

        //等待键盘输入，并直接转化为 long 类型
        long n = sc.nextLong();

        //变量 mul 存储自然数相乘之积
        long mul = 1;
```

```
//for 循环，循环变量 i=1，循环条件 i<=n，循环变量修改 i++
for (int i=1;i<=n;i++) {
    //连乘，语句等同 mul=mul*i
    mul *= i;
}

//循环结束后，输出结果值
System.out.println("1~"+n+"以内自然数乘积(阶乘)："+mul);

//关闭键盘输入流
sc.close();
    }
}
```

本案例从控制台接收一个 15 以内的自然数 n，通过 for 循环以及连乘语句 sum*=i，实现了计算从 1 到该自然数 n 之间的所有整数的乘积，即自然数 n 的阶乘的计算，并输出相关结果，如图 7-7 所示。

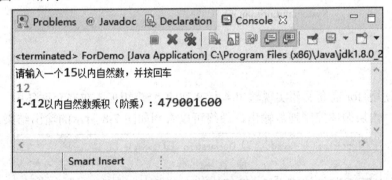

图 7-7　for 循环案例

7.3.4　嵌套循环

所谓嵌套循环是指在外层循环结构中包含内层循环结构(外层循环结构也称为一层循环，内层循环也称为二层循环)，在一些特定复杂的场景中还可以包含三层、四层循环。嵌套循环多为同种类型结构体的嵌套循环，常见的有 for 嵌套循环以及 while 嵌套循环。

1. for 嵌套循环

for 嵌套循环语句的结构如下：

```
for(expr_a; expr_b; expr_c){
    for(expr_m; expr_n; expr_p){
        语句…
    }
}
```

从嵌套结构上可以看到，外层循环执行一次，则内层循环执行一个完整的循环流程；如果外层循环结构的循环次数为 n，内层循环结构的循环次数为 m，则整个嵌套循环执行完成后，内层循环一共执行了 n 个完整循环流程，n×m 次循环动作。

【案例 7-6】 for 嵌套循环控制 1。

在应用程序中利用 MyNestFor 类演示如何通过 for 嵌套循环控制语句实现多行、多列矩形图的输出功能，代码如下：

```java
package com.flow.condition;


public class MyNestFor {
    public static void main(String[] args) {
        //控制行输出
        for (int i=0;i<4;i++) {
            //控制列输出
            for (int j=0;j<9;j++) {
                System.out.print("*");
            }
            //换行
            System.out.println();
        }
    }
}
```

本案例使用 for 嵌套循环实现输出 4 行 9 列的 "*" 矩形。在嵌套循环中，外层循环控制行数输出，内层循环控制列数输出，最终可以看到如图 7-8 所示的输出结果。

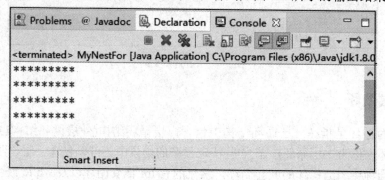

图 7-8　矩形输出

【案例 7-7】 for 嵌套循环控制 2。

在应用程序中利用 NestForDemo 类演示如何通过 for 嵌套循环控制语句实现多行、多列三形图的输出功能，代码如下：

```java
package com.flow.condition;


public class NestForDemo {
```

```java
public static void main(String[] args) {
    //控制行输出
    for (int i=1;i<=6;i++) {
        //控制列输出，循环条件 j<=i
        for (int j=1;j<=i;j++) {
            System.out.print("*");
        }
        //换行
        System.out.println();
    }
}
```

本案例使用 for 嵌套循环实现输出 6 行的 "*" 直角三角形。在嵌套循环中，外层循环控制行数输出，外层循环条件为 i<=6，内层循环控制列数输出，内层循环条件为 j<=i，最终可以看到如图 7-9 所示的输出结果。

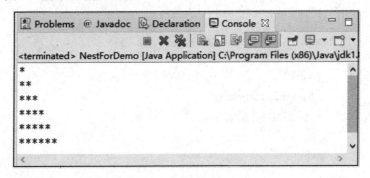

图 7-9　直角三角形输出

2. while 嵌套循环

while 嵌套循环语句的结构如下：

```java
while(express_a){
    while(express_b){
        语句…
    }
}
```

while 嵌套循环的功能与 for 嵌套循环相同，只是循环语句的类型不相同。同样，外层循环执行一次，内层循环执行一个完整的循环流程。

【案例 7-8】　while 嵌套循环控制。

在应用程序中利用 NestWhileDemo 类演示如何通过 while 嵌套循环控制语句实现行及列输出的灵活调整控制，代码如下：

```java
package com.flow.condition;
public class NestWhileDemo {
```

```java
public static void main(String[] args) {
    //外层循环变量
    int m = 1;
    //外层循环
    while(m<=9) {

        //内层循环变量
        int n = 1;
        //内层循环
        while(n<=m) {
            //乘积
            int mul = m*n;
            //输出乘法表口诀
            System.out.print(n+"X"+m+"="+mul+"\t");
            //内层循环变量修改
            n++;
        }

        //换行
        System.out.println();
        //外层循环变量修改
        m++;
    }
}
```

本案例使用 while 嵌套循环实现输出九九乘法表，最终可以看到如图 7-10 所示的输出结果。

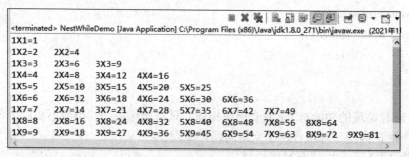

图 7-10 九九乘法表输出

7.3.5 流程转跳控制

流程转跳控制是指程序运行过程中，因业务场景需要，程序流程跳出当前正在执行的结构体，而转移到另一个流程或语句块中。在 Java 编程语言中有三个常用的关键字语句可以实现流程转跳控制功能，分别是：continue、break、return。

1. continue 语句

continue 语句主要用在循环结构中，作用是退出当次正在执行的循环，进入下一次循环。该语句只能跳出单次循环，不能跳出整个循环结构。

continue 流程转跳示例如下：

```java
public class FlowDemo1 {
    public static void main(String[] args) {
        for (int i=1;i<=9;i++) {
            if (i==4) {
                continue;
            }
            System.out.println("-"+i+"-");
        }
    }
}
```

本示例中，通过 for 循环输出 9 以内的自然数，但输出自然数 4 时，遇到了 continue 语句，因而跳出当次循环，自然数 4 没有输出，但立刻进入下一次循环，继续输出后续的自然数，如图 7-11 所示。

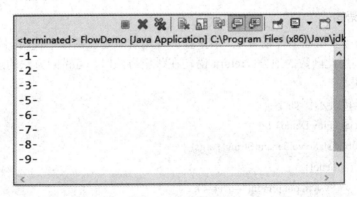

图 7-11　continue 语句输出

2. break 语句

break 语句主要用在循环结构中，作用是退出当前正在执行的循环流程，循环结构中后而没有被执行的语句将不再执行，也就是说遇到该语句后会立刻退出整个循环流程。除此之外，break 语句还可以用于 switch 结构中，表示跳出整个选择分支结构。

break 流程转跳示例如下：

```java
public class FlowDemo2 {
    public static void main(String[] args) {
        for (int i=1;i<=9;i++) {
```

```
                    if (i==4) {
                        break;
                    }
                    System.out.println("-"+i+"-");
                }
            }
        }
```

在本示例中，通过 for 循环输出 9 以内的自然数，但输出自然数 4 时，遇到了 break 语句，因而跳出了整个循环流程，后续的循环语句没有再被执行，所以后面的自然数也没有输出，如图 7-12 所示。

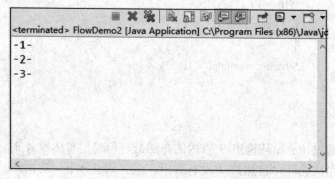

图 7-12　break 语句输出

3. return 语句

return 语句可以用在多种场合中，最重要的使用场景是在函数中使用，跳出正在执行的方法，返回到调用此函数的地方。return 语句在跳出方法时，可带回方法的返回值，也可以不带任何返回类型。

return 流程转跳示例如下：

```
public class FlowDemo3 {
    public static void main(String[] args) {
        hello() ;
        System.out.println("--over--");
    }

    public static void hello() {
        System.out.println("--hi--");
        if (3<5) {
            return;
        }
        System.out.println("--hello--");
    }
}
```

在本示例代码语句中，在程序入口 main 函数中调用了 hello 函数，流程进入到 hello 函数后，首先输出"--hi--"语句，随后遇到 if 结构体中的 return 语句，则流程立刻跳出 hello 函数，后面的"--hello--"将不再执行输出，流程回退到 main 函数后继续向下执行，输出"--over--"后，程序结束，如图 7-13 所示。

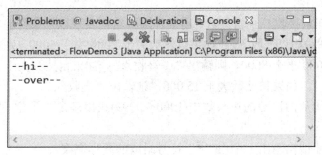

图 7-13　return 语句输出

习 题 7

一、选择题

1．在 Java 程序设计语言中流程控制结构包括(　　)[多选]。

A．顺序结构　　　　　　B．反向结构　　　　　　C．选择结构　　　　　　D．循环结构

2．以下关于 if 条件结构的描述正确的是(　　)[多选]。

A．条件判断表达式为布尔表达式

B．可以有多个 else　if 分支结构

C．else 分支结构一定不能缺少

D．当所有条件判断表达式值为 false 时，执行 else 分支结构

3．以下关于 switch 结构中的条件变量的类型可以是(　　)[多选]。

A．byte　　　　　　　　B．int　　　　　　　　C．char　　　　　　D．long

4．以下关于循环结构的描述正确的是(　　)[多选]。

A．while 循环结构的循环条件表达式可以不是布尔表达式

B．while 循环结构先判断循环条件后执行循环体

C．do…while 循环结构先执行循环体再判断循环条件

D．do…while 循环结构会执行循环体一次以上

5．以下关于循环格式"for(表达式 1;表达式 2;表达式 3){…}"描述正确的是(　　)[多选]。

A．表达式 1 为声明循环变量及初始化语句

B．表达式 2 为循环条件判定语句

C．表达式 3 为循环变量修改语句

D．表达式 1 只会被执行一次，表达式 2 与表达式 3 会被执行多次

6．以下关于流程转跳控制语句的描述正确的是(　　)[多选]。

A．continue 语句为退出当次循环，不影响后续未完成的循环

B．break 语句为退出当前整个循环，后续未完成的循环不再执行

C．return 语句为跳出正在执行的函数，函数中后续未完成的语句不再执行

D．return 语句不能带回任何值

二、操作题

1．从控制台任意接收一个自然数，用条件选择结构实现以下条件输出：如果接收的自然数小于 2000，则输出"低收入"；如果自然数大于 2000 小于 5000，则输出"中低收入"；如果自然数大于 5000 小于 8000，则输出"中等收入"；如果自然数大于 8000 小于 15 000，则输出"中高收入"；如果自然数大于 15 000，则输出"高收入"。

2．用循环结构从四位数的正整数中(1000～9999)找出满足"千位>百位>十位>个位"的所有自然数。

3．用嵌套循环结构输出一个由"*"符号组成的菱形图案。

第8章 数组结构

学习目标 ✐

◇ 认识数组的结构
◇ 了解数组的思想及应用场景
◇ 理解数组的功能与作用
◇ 掌握数组的相关语法

本章介绍数组的基础语法，论述数组的编程思想、技术实现、结构原理，着重讲解一维数组的声明、定义，以及在程序设计中如何使用数组，最后讲解二维数组的相关概念以及适用场景。

8.1 数组概述

数组是一类具有相同类型，按照一定位置排列组织起来的数据集合。数组是一种数据结构，数组中的数据称为元素，每个元素所处结构体中的位置不相同，数组中以位置的形式识别结构体中的每一个数据项。在数组结构中，每个数据项元素通过自己所在的位置(下标)标识自己，这样当外部对象访问数组结构中的元素时，可以直接通过下标来引用。数组结构的原理如图8-1所示。

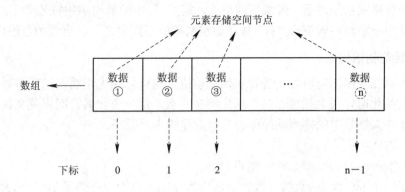

图8-1 数组结构原理图

数组结构中的长度是有限的，即数据项元素的个数是有限的(数组中元素的个数即为数组的长度)。在数组的声明及初始化过程中就已固定了存储空间，故不能无限增加数据结构中所存放的元素，但数组结构中的元素是可以删除及修改的，在其结构长度范围以内还可以增加数据项元素。

数组结构中数据项元素的类型可以是基本数据类型，也可以是引用数据类型，但无论是何种数据类型，同一数组中所有数据项元素的类型都是一致的，不能在一个数组结构中存储不同类型的数据项元素。

数组结构按照形态可分为一维数组、二维数组、多维数组。一维数组是最基本的数组形式，从严格意义上来说，二维数组属于多维数组的范畴，除二维数组以外还可以有更细更复杂的三维数组、四维数组等。

8.2 一 维 数 组

一维数组是数组结构中最基本、最简单、使用频率最高的数组类型。在一维数组结构中，每个下标节点存储一个数据项元素，下标节点从 0 开始连续编号，直到结构中的最后一个节点空间。

8.2.1 数组声明

1. 数组的声明格式

格式 1：

数据类型 + 数组声明符号 "[]" + 数组名称

例如：

int[] score   //声明一个 int 类型，名称为 score 的一维数组

格式 2：

数据类型 + 数组名称 + 数组声明符号 "[]"

例如：

char name[]   //声明一个 char 类型，名称为 name 的一维数组

以上两种格式都是声明一维数组的格式，格式 1 中的数组声明符号 "[]" 紧跟数据类型，格式 2 中把数组声明符号 "[]" 放在数组名称的后面也是一种有效的数组声明方式。

2. 数组的初始化

数组可以在声明的同时为其进行初始化赋值，也可以预先声明，然后再对其进行初始化赋值。初始化时，用大括号 "{}" 括住所有元素，每一个元素之间用英文状态下的逗号隔开，元素在大括号中的排列顺序即为各数据项的先后顺序。

初始化方式一：

int[] num = {20,30,50,85,90,60,70,95,80,45}

表示声明了一个 int 类型的数组，数组的名称为 num，数组中存储了 10 个元素，数组的长度是 10，每个元素的位置如其排列所示，数组中所有元素的类型均为 int 类型，不能存储其他类型的数据。一般来说，此种方式可以为所有数据类型的数组进行初始化，但主要用于为八大基本数据类型的数组进行初始化赋值。

八大基本数据类型数组初始化举例及相关说明：

byte[] by = {3,10,20,45,23,33,100,-18}   // byte 类型数组

```
short[] sh = {70,120,-210,405,530,633}          // short 类型数组
int[] in = {400,-80,200,145,-213,353}           // int 类型数组
long[] lo = {30L,105L,270L,345L,280L}           // long 类型数组
float[] fl = {13.56F,100.84F,205.39F}           // float 类型数组
double[] do = {58.362,96.372,250.486}           // double 类型数组
char[] ch = {'C','H','I','N','A'}               // char 类型数组
boolean[] bo = {true,false,false,true}          // boolean 类型数组
```

初始化方式二：

　　　　数组名称 = new 数据类型[长度大小]

此种方式适用于为八大基本数据类型之外的所有引用数据类型数组进行初始化，需要预先声明数组对象，如没有预先声明，则需要在声明的同时即刻进行初始化。关键字"new"表示分配内存空间，后面跟内存空间可以存储的数据类型，需与数组类型保持一致，最后声明存储空间的大小，即可以存储多少个元素，存储长度大小值需用中括号"[]"括住。

　　例如：

　　　　String[] str = new String[5]

表示声明了一个 String 类型的数组，数组名称为 str，在声明数组的同时即刻进行初始化赋值，分配一个能存储 5 个元素的内存空间，这种内存空间只能存储 String 类型的数据项。

　　引用数据类型数组初始化举例及相关说明：

```
Object[] obj = new Object[10]          // Object 类型数组
String mystr = new String[8]           // String 类型数组
Date da = new Date[5]                  // Date 类型数组
```

8.2.2　数组引用

　　数组的引用是指对数组结构中元素的访问及操作。对数组元素的引用是通过其位置进行确定的。每个元素在数组中都有一个下标(index)属性，下标的标号从 0 开始，连续计数，第 1 个元素的下标是 0，最后一个元素的下标为数组长度减 1，即对数组中元素的引用就是通过下标来确定的。

　　数组的引用格式如下：

　　　　数组名称 + 左中括号"[" + index + 右中括号"]"

　　例如：

　　　　int[] myint={10,20,30,40,50,60,70,80}

其中：

　　myint[0]表示取得数组 myint 下标为 0 的元素，即取得第 1 个数据项 10；

　　myint[3]表示取得数组 myint 下标为 3 的元素，即取得第 4 个数据项 40；

　　myint[7]表示取得数组 myint 下标为 7 的元素，即取得第 8 个数据项 80。

　　需特别注意，在访问数组中的元素时，一定不能超越数组结构的边界来存取元素，当超越边界时，系统会抛出异常，从而导致程序运行中断。如访问上面数组中的元素 myint[8]，即要取出数组中第 9 个元素，因为数组的长度为 8，第 9 个元素是不存在的，所以系统必定会抛出异常，程序终止并退出执行。

【案例 8-1】 一维数组初始化赋值 1。

在应用程序中利用 ArrayDemo1 类演示如何声明数组以及如何引用数组元素，代码如下：

```
package com.array;
public class ArrayDemo1 {
    public static void main(String[] args) {
        //声明 char 类型数组并初始化赋值
        char[] ch = {'中','华','人','民','共','和','国'};

        /*
          for 循环遍历数组中的元素
          ch.length 返回数组长度，ch 为数组名，length 为数组属性
        */
        for (int i=0;i<ch.length;i++) {
            //取出数组中的元素并输出
            System.out.print(ch[i]);
        }
    }
}
```

本案例声明了一个 char 类型的数组并初始化，然后使用 for 循环遍历数组中的元素，将所有的数组元素输出，如图 8-2 所示。

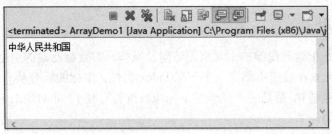

图 8-2　char 数组元素输出

【案例 8-2】 一维数组初始化赋值 2。

在应用程序中利用 ArrayDemo2 类演示如何对八大基本数据类型以外的类型的数组初始化分配内存空间，代码如下：

```
package com.array;

public class ArrayDemo2 {
    public static void main(String[] args) {
        // 声明 mystr 类型数组并分配内存空间
        String[] mystr = new String[4];
```

```
// 给数组的每个节点分配数据项
mystr[0] = "老师";
mystr[1] = "祝";
mystr[2] = "同学们";
mystr[3] = "学习进步";
/*
for 循环遍历数组中的元素,
mystr.length 返回数组的长度,
mystr 为数组名称, length 为数组的属性
*/
for (int i = 0; i < mystr.length; i++) {
    // 取出数组中的元素并输出
    System.out.print(mystr[i]);
}
}
}
```

本案例中声明了一个 String 类型的数组并初始化分配内存空间,然后为数组存储空间的每个节点分配数据项,最后再用循环遍历数组中的元素并输出,如图 8-3 所示。

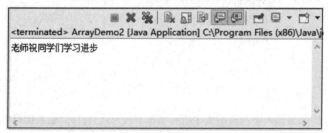

图 8-3　String 数组元素输出

对于 String 类型的数组,其不但可以借助 new 关键字分配内存空间的方式来初始化,还可以使用与八大基本数据类型一样的方式进行数组初始化。比如,以如下方式声明并初始化的两个 String 类型数组也是正确的:

```
String[] strArray = {"one","two","three","four","five"}
String[] strDemo = {"hello","hi","haha"}
```

【案例 8-3】 一维数组简单应用。

在应用程序中利用 ArrayDemo3 类演示如何声明数组以及如何操作使用数组元素(引用、存储),代码如下:

```
package com.array;
import java.io.IOException;

public class ArrayDemo3 {
    public static void main(String[] args)
```

```
            throws IOException {
    System.out.println("请输入一个(0-9)数字字符:");
    // 从控制台接收键盘输入
    char ch = (char) System.in.read();

    // 声明一个数组 mychar，存储 0～9 的数字字符
    char[] mychar = { '0', '1', '2', '3', '4',
            '5', '6', '7', '8', '9' };

    // 设定一个布尔变量，默认值为 false
    boolean isOk = false;

    // for 循环遍历数组中的元素
    // mychar.length 返回数组的长度
    for (int i = 0; i < mychar.length; i++) {
        // 比较从键盘输入字符是否与数组中的某一字符相同
        isOk = (ch == mychar[i]);
        if (isOk) {
            System.out.println("正确，输入的字符是：" + ch);
            // 跳出循环
            break;
        }
    }

    // 如果输入字符与数组中所有字符不相同，则打印"输入错误"
    // !isOk 表示对布尔变量 isOk 取反
    if (!isOk) {
        System.out.println("错误，输入的不是字符");
    }
    }
}
```

本案例中声明了一个数字字符数组，当从控制台接收键盘输入时，输入值会与字符数组中的元素进行比对。如果输入的字符为 0～9 之间的数字则会打印键盘的输入值，如果输入的是其他字符则会打印错误信息，运行结果如图 8-4 所示。

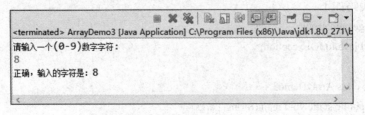

图 8-4　数字字符比对

【案例8-4】 一维数组综合应用。

在应用程序中利用 ArrayDemo4 类演示如何综合使用数组及循环实现复杂数据处理需求，代码如下：

```java
package com.array;
import java.io.InputStream;
import java.util.Scanner;

public class ArrayDemo4 {
    public static void main(String[] args) {
        // 声明一个 int 类型长度为 6 的数组，存储输入的自然数
        int[] input = { 0, 0, 0, 0, 0,0 };
        InputStream in = System.in;
        Scanner sc = new Scanner(in);

        System.out.println("请输入第 1 个的自然数并回车：");
        // 接收第 1 个自然数，并存储到数组
        input[0] = sc.nextInt();
        System.out.println("请输入第 2 个的自然数并回车：");
        // 接收第 2 个自然数，并存储到数组
        input[1] = sc.nextInt();
        System.out.println("请输入第 3 个的自然数并回车：");
        // 接收第 3 个自然数，并存储到数组
        input[2] = sc.nextInt();
        System.out.println("请输入第 4 个的自然数并回车：");
        // 接收第 4 个自然数，并存储到数组
        input[3] = sc.nextInt();
        System.out.println("请输入第 5 个的自然数并回车：");
        // 接收第 5 个自然数，并存储到数组
        input[4] = sc.nextInt();
        System.out.println("请输入第 6 个的自然数并回车：");
        // 接收第 6 个自然数，并存储到数组
        input[5] = sc.nextInt();

        //关闭键盘输入流
        sc.close();
        System.out.println("所输入的全部自然数如下：");
        // 循环遍历数组
        for (int i = 0; i < input.length; i++) {
            System.out.print(input[i]+"\t");
```

```
        }
      }
  }
```

本案例中从控制台接收键盘输入 6 个自然数，并存储在 int 类型数组中，最后通过 for 循环遍历打印输出数组中的所有元素，如图 8-5 所示。

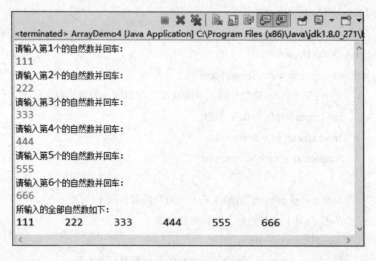

图 8-5 接收自然数并输出

8.3 二 维 数 组

二维数组是在一维数组的基础上形成的多维数组，在一维数组的每个节点空间上原来存储的是单一数据，而二维数组就是把原一维数组中每个空间节点上的单一数据换成一个数组，即在一维数组当中还嵌套包含有独立数组，如图 8-6 所示。

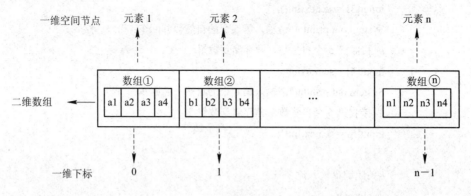

图 8-6 二维数组结构

1. 二维数组声明

声明格式：

数组类型[][] 数组名称

二维数组的声明格式与一维数组类似，在数组类型后跟两个中括号表示声明的二维数组，如果声明的是三维数组则跟三个中括号，如果声明的是 n 维数组则跟 n 个中括号，第一个中括号映射第一维数组，第二个中括号映射第二维数组，依此类推。

关于二维数组声明举例及相关说明：

byte[][] ask	//声明了名称为 ask 的二维数组
int[][] num	//声明了名称为 num 的二维数组
char[][] obs	//声明了名称为 obs 的二维数组
double[][] sal	//声明了名称为 sal 的二维数组

2. 二维数组初始化

二维数组初始化的方式与一维数组类似，可以声明的同时立刻将其初始化并分配数据，也可以使用关键字"new"进行初始化分配内存空间。

初始化方式一：声明的同时即刻分配数据。

例如：

```
int[][] myArray ={
        {10,20,30,40},
        {13,23,33,44},
        {16,22,36,46}
    }
```

表示声明了一个 int 类型，名称为 myArray 的二维数组。在数组声明时第一个中括号"[]"映射第一维数组中的元素，每个元素分别如下：

第 1 个元素：{10,20,30,40}；

第 2 个元素：{13,23,33,44}；

第 3 个元素：{16,22,36,46}。

在数组声明时第二个中括号"[]"表示第二维数组的元素，第二维数组中每个数组共有 4 个元素。如第一维数组中的第 2 个元素是{13,23,33,44}，这个元素是一个独立数组，数组长度为 4。

初始化方式二：关键字"new"分配内存空间。

此种方式适合于八大基本数据类型以外的引用数据类型为二维数组，初始化分配内存空间。

例如：

```
String[][] strArray = new String[3][5]
```

表示声明了一个 String 类型二维数组，并在声明的同时即刻分配内存空间，在 new 关键字后面的第一个中括号"[3]"表示第一维数组的长度是 3，第二个中括号"[5]"表示第二维数组的长度是 5。

二维数组使用方式二进行初始化，实际上空间节点上并没有分配数据元素，后续可以通过循环的方式为二维数组的每个节点空间赋予相应的元素值。

3. 二维数组引用

二维数组的引用是指对二维数组结构中元素的访问及操作，对二数组元素的引用与一维数组类似。先通过下标确定第一维数组中的数据项(独立数组)，然后再对该独立数组同样通过下标确定对应元素的位置，从而找到对应所需要的操作数。

二维数组的元素引用格式如下：

数组名称[一维 index][二维 index]

例如下面的 int 类型二维数组：

```
int[3][3] intArr={
    {100,300,600},
    {150,350,650},
    {180,380,680}
}
```

(1) intArr[0][0]：取得操作数 100。

首先 intArr[0]表示取得第一维数组的第 1 个元素{100,300,600}，这个元素是一个数组，intArr[0][0]表示在这个子数组{100,300,600}中同样取得第 1 个元素，即取得操作数 100。

(2) intArr[1][2]：取得操作数 650。

首先 intArr[1]表示取得第一维数组的第 2 个元素{150,350,650}，这个元素是一个数组，intArr[1][2]表示在这个子数组{150,350,650}中取得第 3 个元素，即取得操作数 650。

(3) intArr[2][2]：取得操作数 680。

首先 intArr[2]表示取得第一维数组的第 3 个元素{180,380,680}，这个元素是一个数组，intArr[2][2]表示在这个子数组{180,380,680}中同样取得第 3 个元素，即取得操作数 680。

【案例 8-5】 二维数组综合应用。

在应用程序中利用 ArrayDemo5 类演示如何对二维数组的元素进行引用及存储操作，代码如下：

```
package com.array;
public class ArrayDemo5 {
    public static void main(String[] args) {
        //声明 char 类型二维数组并初始化赋值
        char[][] goodWord = {
            {'恭','喜','发','财'},
            {'心','想','事','成'},
            {'身','体','健','康'},
            {'一','帆','风','顺'},
            {'大','吉','大','利'}
        };

        //外层循环控制第一维数组
        for(int i=0;i<5;i++) {
            //内层循环控制第二维数组
            for(int j=0;j<4;j++) {
                //取出二维数组中的数据项
```

```
                System.out.print(goodWord[i][j]);
            }
            //换行
            System.out.println();
        }
    }
}
```

本案例中声明了 char 类型二维数组，二维数组中存储了对应的祝福语，通过 for 嵌套循环对二维数组中的所有元素进行遍历并打印输出，得到如图 8-7 所示的运行结果。

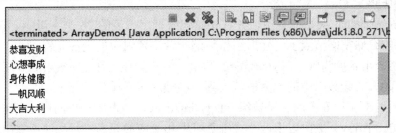

图 8-7　二维数组元素输出

习　题　8

一、选择题

1. 以下关于数组中下标的说法正确的是(　　)[多选]。

A. 数组的下标是数组中元素被访问的依据

B. 数组下标从 0 开始

C. 一个数组中元素下标的最大值与数组长度相同

D. 数组的下标可以为负值

2. 以下关于数组的描述正确的是(　　)[多选]。

A. 数组中所有元素都是同一种数据类型

B. 若数组 int[] myint 的长度为 5，则 myint[5]可取得最后一个元素

C. 在初始化时数组中所有元素都必须用中括号"[]"括起来

D. 访问数组中的元素时，不能超越数组的边界

3. 有数组 String[] mystr = {"Kitty","Jerry","Honey","Rose","Wendy"}，则 mystr[2]所取得的元素值是(　　)[单选]。

A. Jerry　　　　　B. Honey　　　　　C. Rose　　　　　D. Wendy

4. 在如下的二维数组中，mydou[2][1]所取得元素值是(　　)[单选]。

```
double[][] mydou = {
    {15.3, 12.0, 13.5},
    {10.2, 18.6, 11.2},
```

```
        {16.5, 13.2, 19.4}
    }
```

A. 15.3   B. 18.6   C. 16.5   D. 13.2

5. 以下关于数组声明正确的是(   )[单选]。

A. byte[] by = {10,50,80,156,90}

B. boolean[] bo = {true,"false",false}

C. char[] ch = {'A','华','8','@'}

D. String[] str= {"Helllo",300,"Hi"}

二、操作题

1. 声明一个 char 类型的数组，并在初始化时把字母表的 26 个字母(A、B、C、D 等)分配在对应的存储空间节点上，然后用循环遍历输出数组中的全部元素。

2. 声明一个长度为 8 的 byte 类型的数组，并初始化为数组分配相应的数据元素，然后通过循环的方式让数组中的元素按从大到小的顺序重新排列。

3. 声明一个 4 行 6 列的二维数组 int[][] intArray，再声明一个同样 4 行 6 列的二维数组 float[][] floatArray，取出以上两个二维数组中相对应的元素进行加法运算(intArray[i][j]+floatArray[i][j])，把运算结果存储到同样 4 行 6 列的二维数组 double[][] doubleArray 中，最后打印输出 doubleArray 二维数组中的所有元素。

第 9 章　函数的定义及应用

学习目标 ✍

◇　认识函数的分类
◇　了解函数的结构
◇　了解函数的功能作用
◇　理解函数的流程控制
◇　掌握函数的声明语法

本章将介绍 Java 编程语言函数的定义及使用，在论述功能作用的同时，着重讲解函数的结构，以及在程序开发、调试过程中函数的流程控制关系，最后讲解函数的分类及相关语法。

9.1　函 数 概 述

函数在 Java 程序设计中俗称为方法，是应用程序中包含了流程控制，并可以被其他模块调用的代码块。在程序设计中，函数必须按相应的编码规则开发，并在类模块中封装成对象，参与系统中模块间的通信与协作。

函数是一个基本功能单元，包含了完整的输入/输出流程，是为了完成模块中某一业务功能的语句集合。函数不能独立存在，其需要依附类模块，只有在类模块中才有实际的编程意义，同时只有在类模块中才符合编程语法。

函数在种类上分为静态方法与非静态方法。静态方法是一类可通过类模块名称加上方法名称直接调用的全局方法；非静态方法则是一类需要通过对象实例的方式进行调用的局部方法。main 方法就是一类特殊的静态方法，是应用程序的入口，不需要手动调用即可自动运行。

方法的结构由两部分组成，分别是方法头与方法体，方法头是函数方法的门面，与其他模块进行协作交互时，需按方法头的标准进行调用及数据通信。方法体是一个代码语句的集合体，是为了实现某一业务功能而统一起来的代码块。方法体包含了严格的编程逻辑及流程控制。

9.2　函数的声明

在 Java 编程语言中，函数(方法)声明与其他模块元素一样，必须先定义声明后才能使用。方法的定义过程，主要是对方法头的声明及限定，对其访问权限、返回类型、方法名称、参数列表等方面加以说明。

函数(方法)声明格式如下：

访问权限修饰语 ＋ 静态修饰语 ＋ 返回类型 ＋ 方法名称 ＋(参数列表)

{

    语句 1

      ⋮

    语句 n

}

在以上声明格式中，第一行为方法头的声明，其余为方法体的定义。具体的函数(方法)声明规则分析如下：

(1) 访问权限修饰语：声明方法的可见范围，一般为 public 权限，为必选项。

(2) 静态修饰语：声明是否为静态方法，为非静态方法时此项可省略，为可选项。

(3) 返回类型：声明方法的返回类型，为必选项。

返回值：方法体返回值的数据类型必须与方法头声明的返回类型一致。

空类型：返回类型为 void 时，方法体中不需要返回值。

(4) 方法名称：声明方法的名称，为必选项。

(5) 参数列表：声明方法调用时的参数形式，必须位于小括号内，为必选项。

参数声明：数据类型 ＋ 参数名称，如：double d。

参数个数：数量不做限定，可以是 0 个或多个。

参数形式：没有参数也要保留小括号。

(6) 方法体：以左大括号"{"开始，以右大括号"}"结束。

第 1 个函数(方法)的声明示例如下：

```java
public int plus(int a,int b) {
    int c = a + b;
    return c;
}
```

以上代码声明了一个非静态方法，方法的权限是 public，方法的返回类型是 int 类型，方法的名称是 plus。调用此方法时需要传入两个 int 类型的参数变量，所传入参数变量的位置参数列表对应(int a,int b)，即第一个参数值存放在 int 变量 a，第二个参数值存放在 int 变量 b。

方法体中实现了把通过参数传进来的两个 int 类型数据相加，最后把这个相加值作为方法的返回值。返回值是一个 int 类型的变量，必须与方法声明的返回类型 int 一致，方法的最后需要通过关键字"return"带回返回值。

第 2 个函数(方法)的声明示例如下：

```java
public static void square(long m) {
    long mul = m*m;
    System.out.println(mul);
}
```

以上代码声明了一个静态方法(static 修饰)，方法的权限是 public，方法的返回类型是 void 类型，方法的名称是 square。调用此方法时需要传入一个 long 类型的参数变量。

方法体中把传进来的参数变量与自身相乘得到平方值，然后在控制台打印输出。因为在方法头中声明了此方法的返回类型是 void，所以方法体中不需要通过关键字带回返回值。

【案例 9-1】　函数(方法)声明。

在应用程序中利用 MethodDemo1 类演示如何根据实际需求声明函数(方法)，以满足业务需求，代码如下：

```java
package com.fun;
import java.io.File;
import java.io.FileOutputStream;
import java.io.IOException;

public class MethodDemo1 {
    //main 方法为程序的入口
    public static void main(String[] args)
            throws IOException {
        String mess = "Java 程序设计课程学习";
        writeMessage(mess);
    }
    //writeMessage 方法实现把传入的参数信息写入到文件
    public static void writeMessage(String mess)
            throws IOException {
        File f = new File("D:/hello.txt");
        FileOutputStream fos = new FileOutputStream(f);
        byte[] b = mess.getBytes();
        fos.write(b);
        fos.close();
        System.out.println("信息已写入 D:/hello.txt");
    }
}
```

本案例中声明了一个 writeMessage 的静态方法，实现把通过参数传进来的信息写入到 D 盘根目录下的 hello.txt 文件中。在模块类中，声明了程序入口 main 方法，并在 main 方法中调用 writeMessage 方法(静态方法之间可以直接相互调用)，同时传入参数信息"Java 程序设计课程学习"，以上信息会通过 writeMessage 方法写入到文件中，程序运行完毕会看到如图 9-1 和图 9-2 所示的结果。

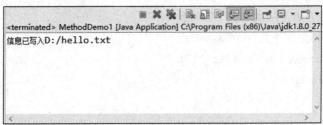

图 9-1　控制台运行结果提示

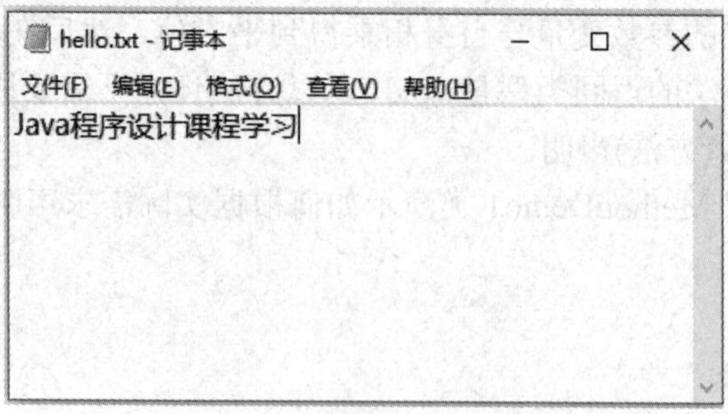

图 9-2 参数信息写入文件

9.3 函数的调用及流程分析

函数的调用是指类模块内部或系统模块之间，不同方法之间的相互引用。方法的调用是程序交互的最基本内容，其涉及参数的传递、函数运算结果值的返回、程序流程转跳等多方面的编程要素。

9.3.1 函数调用

方法调用是程序设计中的一个基本操作。方法是功能单元的封装，方法存在是为了更好地达到功能复用的目的。方法调用是对模块中功能单元的使用。方法调用需要满足相关编程规则及语法。

方法调用格式如下：

方法名称 +(参数列表)

方法调用规则如下：

(1) 静态方法之间可以直接相互调用，静态不能直接调用非静态方法。

(2) 非静态方法之间可以直接相互调用，非静态可以直接调用静态方法。

(3) 参数列表必须完全匹配。

类型：参数变量的类型要匹配。

数量：参数的个数要匹配。

顺序：参数变量的顺序要匹配。

(4) 方法名称必须完全匹配，严格区分大小写。

方法的调用示例如下：

```java
public static double mathRun()  {
    //调用 multiply 方法，按名称调用
    //参数类型、个数、顺序必须对应
    double value = multiply(13.5, 20.3);
    return value;
}
```

```
public static double multiply(double d1,double d2)    {
        double mul = d1*d2;
        return mul;
    }
```

以上示例中声明了两个静态方法：mathRun 与 multiply，在 mathRun 方法中调用 multiply 方法。调用时必须按方法名称调用，传入了两个 double 类型的参数：13.5 与 20.3，按调用时的参数先后顺序，第一个参数 13.5 将存储到 multiply 方法中第一个参数变量 d1 中，第二个参数 20.3 将存储到 multiply 方法中第二个参数变量 d2 中。multiply 方法接收到以上两个参数变量后，将其相乘并返回其乘积，在 mathRun 方法中可以接收 multiply 方法返回的乘积数值。

【案例 9-2】　函数(方法)调用。

在应用程序中利用 MethodDemo2 类演示如何定义复杂的函数(方法)，以及调用函数(方法)的操作应用，代码如下：

```
package com.fun;
import java.io.InputStream;
import java.util.Scanner;

public class MethodDemo2 {
    public static void main(String[] args) {
        InputStream in = System.in;
        Scanner sc = new Scanner(in);

        System.out.println("请输入第 1 个自然数并回车");
        int m = sc.nextInt();
        System.out.println("请输入第 2 个自然数并回车");
        int n = sc.nextInt();
        System.out.println("请输入第 3 个自然数并回车");
        int p = sc.nextInt();
        sc.close();

        //调用 getMax 方法，并接收其返回值
        int max = getMax(m,n,p);
        //输出三者的最大值
        System.out.println("所输入最大自然数是："+max);
    }

    //取得所传入参数的最大值
    public static int getMax(int m,int n,int p) {
        int max = 0;
        if (m>=n) {
```

```
                max = m;
            }
            else {
                max = n;
            }

            if (max<p) {
                max = p;
            }
            return max;
        }
    }
```

本案例在控制台接收键盘输入的三个自然数：70、90、60，然后调用 getMax 方法，传入这三个自然数，比较大小，返回最大的自然数，在 main 方法中接收此数并打印输出，运行结果如图 9-3 所示。

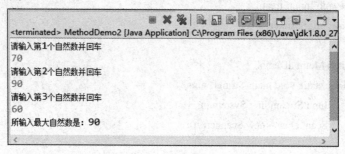

图 9-3 比较自然数的最大值

9.3.2 函数流程转跳

函数流程转跳是指函数(方法)在相互调用过程中，程序运行的流向及相关代码语句在流程中的执行。方法调用过程伴随着应用程序流程的跳入、跳出，多级转跳，多级数据交互等方面。

函数(方法)转跳规则如下：

(1) 调用某方法，流程即流向某方法。

(2) 方法执行完毕后，程序将重新回到原方法的调用位置，即原跳出地方。

(3) 方法多层调用，流程将逐级跳出，调用完毕后将逐级返回。

【案例 9-3】 函数(方法)流程转跳。

在应用程序中利用 MethodDemo3 类演示函数(方法)之间流程转跳的原理，代码如下：

```
    package com.fun;
    public class MethodDemo3 {
        public static void main(String[] args) {
            System.out.println("程序开始执行");          // 语句 1
            hello();                                      // 语句 2
```

```
        System.out.println("流程返回到 main 方法");          // 语句 7
    }

    public static void hello() {
        System.out.println("流程到达 hello 方法");          // 语句 3
        hi();                                              // 语句 4
        System.out.println("流程返回到 hello 方法");         // 语句 6
    }

    public static void hi() {
        System.out.println("流程到达 hi 方法");             // 语句 5
    }
}
```

本案例中有三个静态方法：main、hello、hi，其中 main 方法中调用 hello 方法，hello 方法中又调用 hi 方法。执行完所有流程操作后，程序运行结果如图 9-4 所示。

案例的流程转跳分析如下：

(1) 程序从 main 方法中的语句 1 开始执行，先打印输出"程序开始执行"；

(2) 在语句 2 处调用 hello 方法，流程转跳到 hello 方法中；

(3) 在 hello 方法中，从语句 3 开始执行，打印输出"流程到达 hello 方法"；

(4) 在语句 4 位置开始调用 hi 方法，流程转跳到 hi 方法中；

(5) 在 hi 方法中执行语句 5，打印输出"流程到达 hi 方法"；

(6) hi 方法执行完毕后跳回到 hello 方法语句 4 处，程序继续向下执行；

(7) 执行语句 6，打印输出"流程返回到 hello 方法"；

(8) hello 方法执行完毕后跳回到 main 方法语句 2 处，程序继续向下执行；

(9) 执行语句 7，打印输出"流程返回到 main 方法"。

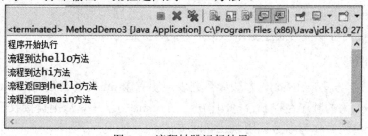

图 9-4　流程转跳运行结果

习　题　9

一、选择题

1. 以下关于方法的说法正确的是(　　　)[多选]。

A. 方法必须以类为载体，不能独立存在

B. 声明方法头时，如果参数的个数为 0，则不需要保留小括号做参数形式声明

C. 静态方法可以直接调用非静态方法

D. 静态方法的修改语是 static

2. 当方法头声明返回类型为 void 时，以下说法正确的是(　　)[单选]。

A. 方法体中不需要使用 return 语句带回返回值

B. 方法体中可以带回返回值，也可以不带回返回值

C. 方法体中可以使用 return 语句带回任意类型的返回值

D. 方法体中需要使用 return 语句带回一个 String 类型的空字符

3. 以下关于方法的参数说法正确的是(　　)[多选]。

A. 方法的参数类型只能是八大基本数据类型

B. 方法的参数需要在小括号内声明

C. 方法的参数可以是 0 个也可以是多个

D. 方法调用时，除了方法名称要匹配外，参数的类型、个数也要匹配

4. 以下关于方法的流程转跳控制正确的是(　　)[多选]。

A. 调用某方法，流程即流向某方法

B. 方法执行完毕后，程序将重新回到原方法的调用位置

C. 方法多层调用，流程将逐级跳出，调用完毕后将逐级返回

D. 方法流程转跳到静态方法后，将不会再返回到原调用位置

5. 有如下方法声明，则以下说法正确的是(　　)[多选]。

```
public float getValue(double d1,double d2){
    double d3 = d1/d2;
    return d3;
}
```

A. 声明了一个静态方法

B. 方法头中声明了两个 double 类型的参数

C. 方法头中声明的返回类型与方法体中实际的返回类型不一致

D. 方法代码可以正常通过编译产生字节码，并运行

二、操作题

1. 定义一个方法 sortNum，方法参数列表声明三个 int 类型参数，sortNum 方法实现按三个参数从小到大的顺序在控制台打印输出。在 main 方法中，从键盘接收三个自然数，并把接收的三个自然数作为参数调用 sortNum 方法。

2. 定义一个方法 area，实现计算三角形面积。方法中声明两个 double 类型参数(底边、高)。在 main 方法中，从键盘接收两个数值，并把接收的两个数值作为参数调用 area 方法，得到三角形面积并在控制台打印输出。

第 10 章　常用 API 操作类

学习目标 ✍

　　✧　认识 API 中常用的操作类
　　✧　了解符号类型常用的字符处理操作
　　✧　了解数值类型常用的数学处理操作
　　✧　掌握 String 类型功能函数
　　✧　掌握 Math 类型功能函数

　　本章将介绍 Java 编程语言的 API 常见工具类的基本功能，在论述工具类模块结构的同时，着重讲解相关操作类的方法函数，以及在程序设计中如何根据实际场景操作使用和在实际案例中的应用。

10.1　String 类功能结构

　　String 是一个字符串类型，其在程序设计中的使用非常广泛，该类型中包含了非常丰富的 API 方法。String 是一个被 final 关键字修饰的不可变类型，不能有子类，不能被其类继承。

1. 字符串对象声明

方式一：通过字符串面值直接初始化。
声明格式：

　　　　类型 + 名称 = 字符串面值

例如：

　　　　String abc = "hello"
　　　　String name = "LiXiaoming"
　　　　String country = "China"
　　　　String company = "IBM"

方式二：通过 new 关键字进行初始化。
声明格式：

　　　　类型 + 名称 = new 类型(字符串面值)

例如：

　　　　String str = new String("OK")

```
String city = new String("Shenzhen")
```

2. 功能函数

(1) charAt(int n)。

功能：返回字符串对象中位置为 n 的字符(第 1 个字符的位置为 0)。

举例：

```
"hello".charAt(1)        //返回"hello"字符串的第 2 个字符 "e"
```

(2) contains(String s)。

功能：判断字符串对象中是否含有参数字符。

举例：

```
"HappyNewYear".contains("New")        //返回 true
```

(3) equals(String s)。

功能：比较两个字符串对象的字符值是否相同。

举例：

```
"hello".equals("hi")        //返回 false
```

(4) indexOf(String s)。

功能：返回字符串对象第 1 次出现参数变量的位置(第 1 个字符的位置为 0)。

举例：

```
"HappyNewYear".indexOf("e")        //返回 6
```

(5) length()。

功能：返回字符串对象的长度，即字符数。

举例：

```
"Guangdong".length()        //返回 9
```

(6) split(String s)。

功能：把字符串对象以变量 s 为标识分割开。

举例：

```
"one_six_ten".split("_")        //返回数组{"one","six","ten"}
```

(7) substring(int start,int end)。

功能：返回字符串对象的一个子串，start 为开始位置，end 为结束位置，索引从 0 开始计算。

举例：

```
"HeYuan".substring(2,6)        //返回索引 2 到 6 的字符串 "Yuan"
```

(8) toUpperCase()。

功能：把字符串对象全部转置为大写。

举例：

```
"Guangdong".toUpperCase()        //返回大写字符串 "GUANGDONG"
```

(9) toLowerCase()。

功能：把字符串对象全部转置为小写。

举例：

　　"BEIJIN".toLowerCase()　　　　　　//返回小写字符串"beijin"

（10）trim()。

功能：把字符串对象前后的空格去掉。

举例：

　　"Jerry　".trim()　　　　　　　　//返回去掉前后空格的字符串"Jerry"

（11）replace(char old,char new)。

功能：新字符替换原字符串对象中的旧字符，old 为旧字符，new 为新字符。

举例：

　　"Hello_Kitty".replace("_", "*")　　//返回"Hello*Kitty"

3. 字符串转换成数值

String 类型中本身不提供把数字字符串转换成数值，但基本数据类型的封装类提供了相关的实现方法，当需要把数字字符串转换成对应类型的数值时可以使用相关的 API 方法。

转换函数(方法)说明如下：

（1）转换为字节类型(byte)。

功能：封装类 Byte 中有静态方法 parseByte(String s)。

举例：

　　Byte.parseByte("58")　　　　　　//得到 byte 类型数值 58

（2）转换为短整类型(short)。

功能：封装类 Short 中有静态方法 parseShort(String s)。

举例：

　　Short.parseShort("210")　　　　//得到 short 类型数值 210

（3）转换为整数类型(int)。

功能：封装类 Integer 中有静态方法 parseInt(String s)。

举例：

　　Integer.parseInt("586")　　　　//得到 int 类型数值 586

（4）转换为长整类型(long)。

功能：封装类 Long 中有静态方法 parseLong(String s)。

举例：

　　Long.parseLong("3921")　　　　//得到 long 类型数值 3921

（5）转换为单精度浮点数类型(float)。

功能：封装类 Float 中有静态方法 parseFloat(String s)。

举例：

　　Float.parseFloat("12.83")　　　　//得到 float 类型数值 12.83

（6）转换为双精度浮点数类型(double)。

功能：封装类 Double 中有静态方法 parseDouble(String s)。

举例：

　　Double.parseDouble("35.56")　　//得到 double 类型数值 35.56

【案例 10-1】　String 函数(方法)应用。

在应用程序中利用 StringDemo 类演示如何使用 String 类中的相关函数(方法)处理字符串数据,代码如下:

```java
package com.api;
import java.io.InputStream;
import java.util.Scanner;
public class StringDemo {
    public static void main(String[] args) {
        InputStream in = System.in;
        Scanner sc = new Scanner(in);

        // 用循环不间断接收键盘输入
        while (true) {
            System.out.println("请输入,并回车");
            String input = sc.next();

            // 接收值为"exit"时退出循环
            boolean isExit = input.toLowerCase().equals("exit");
            if (isExit) {
                sc.close();
                System.out.println("程序退出...");
                // 跳出循环
                break;
            }

            // 替换相关符号
            input = input.replace("$", "!");
            input = input.replace("#", "!");
            input = input.replace("@", "!");
            input = input.replace("%", "!");
            input = input.replace("&", "!");
            input = input.replace("*", "!");

            // 全部转为大写
            input = input.toUpperCase();
            // 控制台打印输出
            System.out.println(input);
        }
    }
}
```

本案例使用 while 循环不间断接收用户的键盘输入，要求如下：

(1) 当接收到的字符中有"$、#、@、%、&、*"中的任一符号时，都会被替代为"!"。

(2) 接收到的字符全部转化为大写字母，并在控制台打印输出。

(3) 当接收到字符"exit"时，程序退出。

程序的最终运行结果如图 10-1 所示。

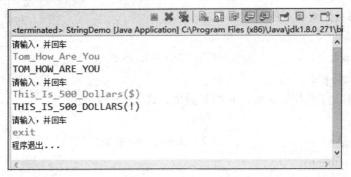

图 10-1 字符转换案例

10.2 Math 类功能结构

Math 是一个标准的数学工具类，其类中定义了众多的数学运算方法，且类中的所有方法均为静态方法，在不同模块之间可以直接使用类名加方法名的方式调用，不用另外专门创建或声明 Math 类对象。Math 类同样是一个被 final 关键字修饰的类，不能被其类继承。

1. Math 类数学处理函数

Math 类中的数学 API 函数非常丰富，可以满足编程开发中对数学运算的基本需求，可以实现诸如平方、开方、立方、绝对值、幂、对数等数学运算。在编码中直接调用 Math 类的相关函数(方法)即可实现相关运算功能。

Math 类函数调用(静态方法)语法格式如下：

    类名+"."+方法名

例如：

    Math.random()   //调用随机数方法 random

Math 类基本功能函数如下：

(1) abs(double d)。

功能：返回参数变量的绝对值。

举例：

    Math.abs(-123.698)   //返回参数绝对值 123.698

(2) sqrt(double d)。

功能：返回参数的平方根值。

举例：

    Math.sqrt(25)   //返回参数平方根值 5.0

(3) cbrt(double d)。

功能：返回参数的立方根值。

举例：

 Math.cbrt(27)   //返回参数立方根值 3.0

(4) exp(double n)。

功能：返回自然对数 e 的 n 次幂(方)，即 e^n。

举例：

 Math.exp(2)   //返回 7.389 056，即 e^2

(5) log(double p)。

功能：返回以自然对数 e 为底 p 的对数值，即 $\log_e p$ 或 lnp。

举例：

 Math.log(5)   //返回 1.609 437 9，即 ln5

(6) log10(double p)。

功能：返回以 10 为底 p 的对数值，即 $\log_e p$ 或 lgp。

举例：

 Math.log10(100)   //返回 2.0，即 lg100

(7) max(double d1, double d2)。

功能：返回参数变量列表中的最大值。

举例：

 Math.max(12.38, 18.25)   //返回 18.25

(8) min(double d1, double d2)。

功能：返回参数变量列表中的最小值。

举例：

 Math.min(12.38, 18.25)   //返回 12.38

(9) random()。

功能：返回一个 0 到 1 之间的随机双精度浮点数。

举例：

 Math.random()   //返回 0 到 1 之间的浮点数，每次运行都不同

(10) round(double d)。

功能：对参数四舍五入，取整数。

举例：

 Math.round(3.76)   //返回整数 4

2. Math 类数学常量

Math 类中还存在两个重要的数学常量，一个是圆面积计算公式中的常量 π，另一个是自然对数常量 e，这两个常量在 Math 类中都以静态属性的形式存在，因而可以直接以类名加属性名的形式调用。

Math 类常量调用(静态属性)语法格式如下：

 类名+“.”+属性名

例如：

Math.PI　　　　//取得 π 常量值

Math.E　　　　//取得自然对数 e 常量值

【案例 10-2】　Math 类随机函数应用 1。

在应用程序中利用 MathDemo1 类演示 Math 类函数的调用及随机函数的应用，代码如下：

```
package com.api;
public class MathDemo1 {
    public static void main(String[] args) {
        //产生一个随机浮点数
        double ran = Math.random();
        //把随机数扩大 1000 倍
        double dou = ran*1000;
        //强制转换，只保留整数部分
        int n = (int)dou;
        //打印输出随机整数
        System.out.println("所产生 1000 以内的随机整数是："+n);
    }
}
```

本案例通过 Math 类的随机方法 random 产生一个随机浮点数，然后扩大 1000 倍，最后强制转换只保留整数部分，就得到一个 1000 以内的随机整数，每次运行所得到的随机数都不一样，运行结果如图 10-2 所示。

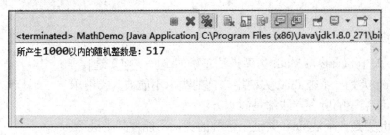

图 10-2　随机整数案例

【案例 10-3】　Math 类随机函数应用 2。

在应用程序中利用 MathDemo2 类演示如何使用 Math 类的数学常量实现相关数学运算的功能，代码如下：

```
package com.api;
import java.io.InputStream;
import java.util.Scanner;
public class MathDemo2 {
    public static void main(String[] args) {
        InputStream in = System.in;
```

```
            Scanner sc = new Scanner(in);
            System.out.println("请输入圆的半径，并回车");
            double r =sc.nextDouble();
            //使用 Math 类中的圆周率 PI 常量
            double s = Math.PI*r*r;
            System.out.println("圆的面积为： "+ s);
            //关闭键盘输入
            sc.close();
        }
    }
```

　　本案例从键盘接收一个半径值，利用 Math 类的 PI 常量值计算出圆的面积大小，然后在控制台打印输出，运行结果如图 10-3 所示。

图 10-3　圆面积的计算案例

习　题　10

一、选择题

1．以下关于 String 与 Math 类型说法正确的是(　　)[多选]。

A．String 类是一个被 final 关键字修饰的类，不能被其类继承

B．String 类中的所有方法都是静态方法

C．Math 类是一个被 final 关键字修饰的类，不能被其类继承

D．Math 类中的所有方法都是静态方法

2．以下关于 String 类型方法的描述正确的是(　　)[多选]。

A．contains(String s)判断字符串对象中是否含有参数字符

B．indexOf(String s)返回字符串对象出现参数变量的次数

C．length()返回字符串对象的长度

D．toUpperCase()把字符串对象全部转置为小写

3．以下关于 String 类型方法的描述正确的是(　　)[多选]。

A．equals(String s)比较两个字符串对象的字符值是否相同

B．split(String s)把字符串对象以变量 s 为标识分割开

C．substring(int start,int end)以 start 为开始位置，end 为结束位置，截取字符串对象中

的一个子字符串

D．replace(char old,char new)用新字符替换原字符串对象中的旧字符，old 为旧字符，new 为新字符

4．以下(　　)可以把字符串"7582"转化成 long 类型的数值[单选]。

A．Float.parseFloat("7582")　　　　B．Double.parseDouble("7582")

C．Integer.parseInt("7582")　　　　D．Long.parseLong("7582")

5．以下关于 Math 类型方法的描述正确的是(　　)[多选]。

A．sqrt(double d)返回参数的平方根 $\sqrt{d}$

B．cbrt(double d)返回参数的立方数 d^3

C．max(double d1, double d2)返回参数变量列表中的平均值

D．min(double d1, double d2)返回参数变量列表中的最小值

6．以下关于 Math 类型的 random 方法说法正确的是(　　)[单选]。

A．random()是产生一个随机整数的函数

B．random()是产生一个 0～1 之间浮点值的随机函数

C．random()是产生一个 0～9 之间浮点值的随机函数

D．random()是产生一个 1～9 之间浮点值的随机函数

二、操作题

1．从键盘接收字符串信息输入，按要求做如下相关检查，若验证通过则在控制台打印输出"输入合法"，若检查不通过则打印输出"输入不合法"。

(1) 不能包含 0 到 9 的数字字符；

(2) 不能包含运算符号"+""−""*""/"；

(3) 不能包含特殊特号"@""#""%""$""&"。

2．自动产生 5 个 100 以内的随机自然数，然后对所有自然数求平方根后，再对平方根值按四舍五入的规则重新取整数，最后按照从小到大的顺序在控制台打印输出新整数。

参 考 文 献

[1]   李刚. 疯狂 Java 讲义[M]. 5 版. 北京：电子工业出版社，2019.

[2]   臧萌，鲍凯. Java 入门 123 [M]. 北京：清华大学出版社，2015.

[3]   曹静，肖英，刘洁，等. Java 编程基础[M]. 北京：中国水利水电出版社，2008.

[4]   马俊昌. Java 编程的逻辑[M]. 北京：机械工业出版社，2018.

[5]   孙卫琴. Java 面向对象编程[M]. 2 版. 北京：电子工业出版社，2017.

[6]   张小波，陈子聪，宋晖. Java 程序设计教程[M]. 北京：冶金工业出版社，2006.

[7]   杨欢耸. Java 基础与开发[M]. 北京：北京邮电大学出版社，2019.

[8]   雍俊海. Java 程序设计教程[M]. 3 版. 北京：清华大学出版社，2014.

[9]   徐明浩. Java 编程基础、应用与实例[M]. 武传海，译. 北京：人民邮电出版社，2005.

[10] ECKEL B. Java 编程思想[M]. 4 版. 陈昊鹏，译. 北京：机械工业出版社，2007.

[11] LIANG Y D. Java 语言程序设计与数据结构(基础篇)[M]. 戴开宇，译. 北京：机械工业出版社，2018.